新型职业农民培育规划教材

启农教育
QI NONG JIAO YU

生猪饲养员

◎ 贺绍君　李尽阳　主编

中国农业科学技术出版社

图书在版编目（CIP）数据

生猪饲养员／贺绍君，李尽阳主编．—北京：中国农业科学技术
出版社，2015.9

ISBN 978 – 7 –5116 – 2245 – 7

Ⅰ．①生…　Ⅱ．①贺…②李…　Ⅲ．①养猪学 – 教材　Ⅳ．①S828

中国版本图书馆 CIP 数据核字（2015）第 203143 号

责任编辑	白姗姗
责任校对	李向荣

出 版 者	中国农业科学技术出版社
	北京市中关村南大街 12 号　邮编：100081
电　　话	(010)82106638(编辑室)　　(010)82109704(发行部)
	(010)82109709(读者服务部)
传　　真	(010)82106650
网　　址	http://www.castp.cn
经 销 者	各地新华书店
印 刷 者	北京富泰印刷有限责任公司
开　　本	850mm ×1 168mm　1/32
印　　张	6.5
字　　数	169 千字
版　　次	2015 年 9 月第 1 版　2015 年 9 月第 1 次印刷
定　　价	26.00 元

前　言

　　新型职业农民是现代农业从业者，开展新型职业农民培育工作，提高新型职业农民综合素质、生产技能和经营能力，是加快现代农业发展，保障国家粮食安全，持续增加农民收入，建设社会主义新农村的重要举措。党中央、国务院高度重视农民教育培训工作，提出了"大力培育新型职业农民"的历史任务。实践证明，教育培训是提升农民生产经营水平，提高新型职业农民素质的最直接、最有效的途径，也是新型职业农民培育的关键环节和基础工作。

　　为贯彻落实中央的战略部署，提高农民教育培训质量，同时也为各地培育新型职业农民提供基础保障——高质量教材，按照"科教兴农、人才强农、新型职业农民固农"的战略要求，迫切需要大力培育一批"有文化、懂技术、会经营"的新型职业农民。为做好新型职业农民培育工作，提升教育培训质量和效果，我们组织一批国内权威专家学者共同编写一套新型职业农民培育规划教材，供各新型职业农民培育机构开展新型职业农民培训使用。

　　本套教材适用新型职业农民培育工作，按照培训内容分别出版生产经营型、专业技能型和专业服务型三类。定位服务培训、提高农民素质、强调针对性和实用性，在选题上立足现代农业发展，选择国家重点支持、通用性强、覆盖面广、培训需求大的产业、工种和岗位开发教材；在内容上严格按照新型职业农民培育规范为编写依据，针对不同类型职业农民特点和需求，突出从种到收、从生产决策到产品营销全过程所需掌握的农业生产技术和经营管理理念；在体例上打破传统学科知识体系，以"农业生产过程为导向"构建编写体系，围绕生产过程和生产环节进行编写，实现教学过程与生产过程对接；在形式上采用模块化编写，教材图文并茂，通俗易懂，利于激发农民学习兴趣，具有较强的可读性。

《生猪饲养员》是系列规划教材之一，适用于从事现代生猪产业的专业技能型职业农民，也可供生产经营型和专业服务型职业农民选择学习。本教材重点介绍生猪饲养员职业守则、猪群结构和猪群流转、猪的生物学特性及利用、猪饲料配制、饲养管理、猪的健康管理、猪饲养环境控制、饲养过程中常见问题及解决方法等，多方面介绍了生猪饲养员需要掌握的相关知识，提供了综合性较强的学习内容。

由于编者水平有限，错误和欠妥之处敬请读者和同行批评指正。

编　者

2015 年 5 月 20 日

目　录

模块一 饲养员职业守则

【学习目标】

1. 熟悉生猪饲养员的职业操守。
2. 掌握各具体生产流程岗位的重要职责。

一、生猪饲养员职业通则

为适应现代猪场生产流程和方式的改变，加强经营管理，提高经济效益，增加员工绩效收入，促进养猪业健康可持续发展，各养猪场应结合本场实际条件及生产情况，制定适合本猪场的饲养员职业守则。制定猪场员工职业守则一般要考虑全体生猪饲养员共同遵循的通则和不同岗位生猪饲养员遵循的特殊岗位守则。

（1）猪场饲养员必须遵守集团、公司、猪场各项规章制度，遵守"养重于防，防重于治，防治结合"的原则，牢固树立"预防为主，防疫第一，兼顾治疗"的意识，严格执行猪场卫生防疫、消毒制度，做好场区、猪舍、猪床、各种工具及人员消毒，规范外来车辆、人员进场的程序，防止外来疫病侵入和场内疫病的发生。

（2）主动学习科学、先进的养猪知识，积极参加各种形式的养猪技术培训和交流，明确工作任务、指标和要求，敬业爱岗，遵守猪群饲养管理技术操作规程和工作日程，保质保量完成各项任务指标。

（3）认真、主动履行岗位职责，服从领导，听从安排，做好与其他相关人员之间的配合，特别要与分场领导及兽医共同做好安全生产、文明生产、科学生产。

（4）根据猪的类群和生产阶段按时、合理组群。做到公、母分舍，不同用途、不同妊娠阶段、不同生长阶段要分舍分圈饲养，要做到重点猪（核心群猪、临产猪、发情猪、种公猪、病猪、弱猪等）重点对待。

（5）掌握猪群基本状况，及时给猪打新耳标、更换破损耳标，确保耳标能够准确识别。建立、保管和利用好猪档案卡，做到猪卡相符，及时填写卡上所列项目的内容。按时转群，转群时卡随猪走，做好衔接。同时加强管护，避免咬伤、流产等事故发生，做到安全转群。

（6）保持猪舍的良好环境，按标准调整猪只饲养密度，及时调整温控和通风设备，做到温、湿适宜。及时清除粪尿，保持舍内干净，不潮湿，换气良好，空气不污浊。

（7）利用和维护好水、电、猪床、仔猪保温箱、饲槽、饮水器等生产设施和用具，出现故障及时反映，及时解决，保证日常工作正常运行。

（8）认真饲喂，定时、定量、少给勤添，及时清理剩料和撒在槽外的饲料。

（9）坚持三看、三及时。看食欲好坏，看粪尿是否正常，看行为表现和精神状态；及时发现病猪，及时报告，及时采取措施。

（10）认真、及时、准确做好猪只各项生产记录，及时按要求填写生产过程报表。要求记录和实情相符，报表和实数相符，做好及时归档整理工作。

（11）认真做好猪只的调教，实现采食、休息和排泄三定位。

二、岗位职责

（一）产房饲养员工作职责

产房饲养员的工作繁杂，要求工作人员工作细致、有耐心、责任心强。产房工作的好坏关系到经产母猪的健康、仔猪的成活率，决定整个场区猪群的生产效率。具体工作职责如下。

（1）遵守猪场的各项规章制度，服从管理人员的工作安排，积极配合技术员的工作，不随意缺岗、串岗。

（2）做好产房的卫生清理工作。每天清扫猪圈，随时清除产床上的猪粪。扫除过道上的残料、猪粪、垃圾，保持产房空气新鲜。保持猪舍的排粪沟畅通。母猪、仔猪转栏后及时全面彻底清洗栏、舍并消毒，以备下批猪的进入。

（3）做好待产母猪的接产工作。准备接生所用的器械及药品（外科敷料、干净抹布、剪刀、保温灯、5%碘酊、0.1%高锰酸钾、抗生素、催产素等），注意观察临产母猪的行为，出现临产征兆时，做好充分的接生准备。分娩前用0.1%高锰酸钾液清洗母猪的外阴和乳房。仔猪出生后立即清除、擦净其口鼻腔黏液，然后结扎脐带、剪断、断端消毒，剪犬齿，立即放入32~35℃的保温箱中。

（4）做好产后母猪的护理工作。观察胎衣脱落情况，及时注射缩宫素、益母草注射液等进行保健，防止子宫内膜炎的发生。哺乳母猪每天饲喂3次（7时，10时30分，16时），饲喂前先清理干净食槽。

（5）做好新生仔猪的护理和调教工作。根据季节、气候的变化，随时调节舍内的小气候，如适时开、关门窗，定时启动通风装置，在舍温低于16℃的寒冷季节，要设法保温、增温，7日龄以内的仔猪保育箱内的温度为32~34℃。当舍内空气污浊、有害气体超标时，要加强通风换气。尽早让仔猪吃上初乳，固定乳头，尽量让弱小的仔猪吃前面奶水较好的奶头，较大的仔猪固定吃后面奶水较差的奶头，以提高猪群的均匀度。

新生仔猪要在第 7 天开始补料。补料时少喂勤添，保持补料新鲜；防止小猪粪尿污染饲料，如果被污染要及时清洗料槽和更换新鲜的饲料。断奶仔猪每天饲喂 5 ~ 6 次，尽量减少饲料浪费，争取达到哺乳期仔猪健仔成活率 96% 以上，仔猪 28 日龄断奶平均体重 8 千克以上。

（6）做好产房及其周围环境的消毒。平时每周消毒 1 次，受疫情威胁时 2 ~ 3 天消毒 1 次，发生疫情时每天消毒 1 次。门口的消毒池至少每周更换 1 次，要保持消毒液的有效浓度，同时每隔一段时间要更换消毒药物的种类。

（7）配合兽医做好疾病的防治工作。每天注意观察母猪和仔猪的采食情况、精神状态、活动情况，及时发现病猪并及时报告给兽医。在兽医给猪只注射疫苗、治疗疾病或者去势时进行猪只保定以配合兽医工作。

（8）做好母猪调栏和仔猪转栏的准备工作。

（二）保育舍饲养员的工作职责

（1）遵守猪场的各项规章制度，服从管理人员的各项工作安排，有力配合技术员的工作，不随意缺岗、串岗。

（2）做好猪舍清扫消毒。每天至少清扫猪圈两次，清扫一次过道上的残料、猪粪、生产垃圾。保持猪舍的排粪沟畅通，无积粪。栏舍及其周围环境平时每周消毒 1 次，受疫情威胁时 2 ~ 3 天消毒 1 次，发生疫情时每天消毒 1 次。门口的消毒池要定期更换。

（3）喂料要求。仔猪要求少喂勤添，做到既不断料也不要饲料槽内剩余过多饲料，造成浪费。

（4）做好仔猪的观察护理工作。每天注意观察检查仔猪的健康状况，（包括精神、食欲、粪便、呼吸等变化），发现病弱仔

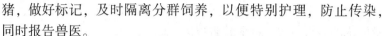

猪，做好标记，及时隔离分群饲养，以便特别护理，防止传染，同时报告兽医。

（5）做好仔猪转栏的工作。保育舍进猪时，仔猪转入后按个体大小分群饲养。分群合群时，为了减少相互咬架而产生应激，合群后饲养人员要多加观察。

（6）协助兽医工作。兽医给仔猪打疫苗、治疗疾病时抓小猪以配合兽医工作。

（7）根据季节、气候的变化，随时调节舍内的小气候，如适时开、关门窗、水帘，定时启动通风装置；在舍温低于16℃的寒冷季节，要设法保温、增温（装保温灯、保温箱、生炉等工作）；当舍内空气污浊、有害气体超标时，要加强通风换气。

（8）负责保育舍周围的空地和道路的清洁工作（清除杂物、杂草等工作）。

（9）争取达到保育舍仔猪成活率97%以上；仔猪70日龄平均体重30千克以上。

（三）生长育肥舍饲养员的工作职责

（1）力争育成阶段成活率≥98%。饲料转化率（体重15~90千克阶段）≤2.7∶1。日增重（15~90千克阶段）≥650克。

（2）力争生长育肥阶段（15~95千克）饲养日龄≤119天，（全期饲养日龄≤168天）。

（3）转入猪后，要及时调整猪群，强弱、大小、公母分群，保持合理的密度，病猪及时隔离饲养。

（4）喂料。小猪30~60千克饲喂仔猪料，60千克以上饲喂中猪料，自由采食，喂料时参考喂料标准，以每餐不剩料或少剩料为原则，减少饲料浪费。

（5）保持圈舍卫生，加强猪群调教，训练猪群吃料、睡觉、排便"三定位"。干粪便要用车拉到化粪池。做好猪舍的排粪沟畅通，没有积粪。每天注意观察检查仔猪的健康状况（包括精神、食欲、粪便、呼吸等变化），发现病弱仔猪，做好标记，要及时隔离分群饲养，同时报告兽医。

（6）做好育肥猪的分栏工作。分群合并时，为了减少相互咬架而产生应激，并后饲养人员要多加观察。

（7）做好其他常规性日常管理工作。

（四）母猪舍饲养员的工作职责

（1）按计划完成每周配种任务，保证全年均衡生产。

（2）做好保胎、防流产工作，保证配种分娩率在85%以上。窝平均产健仔数在9.5头以上。后备母猪合格率在90%以上（转入基础群为准）。

（3）做好母猪饲喂工作。每天饲喂两次，根据母猪的膘情调整投料量。做到合理饲喂，同时减少饲料浪费。妊娠阶段喂料量：妊娠前期（0~30天）为1.8~2.0千克/头/天；妊娠中前期（30~75天）为2.0~2.5千克/头/天；妊娠中后期（75~95天）为2.5~3.0千克/头/天；妊娠后期（95~114天）为3.0~3.5千克/头/天。

（4）做好母猪的转栏工作。做好母猪从配种舍至重胎舍、重胎舍到产房、产房到配种舍的转栏工作。

（5）完成其他各项母猪饲养管理工作。

（五）公猪舍饲养员的工作职责

（1）按计划完成每周配种任务，保证全年均衡生产。

（2）保证公猪具有良好的体况，满足配种的需求。

（3）提供所需的营养以使精液的品质最佳，数量多。

（4）喂料。公猪日喂2次，每头每天喂3千克左右，每餐不要喂得过饱，以免猪饱食贪睡，不愿运动造成过肥。根据公猪的膘情调整投料量。

（5）按季节温度的变化，调整好通风降温设备，经常检查饮

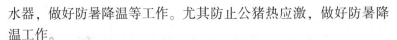

水器，做好防暑降温等工作。尤其防止公猪热应激，做好防暑降温工作。

（6）完成其他常规性饲养管理工作（清扫、消毒、日常观察、疫情报告等）。

三、岗位能力要求

（1）生猪饲养员要认真学习《中华人民共和国动物防疫法》《动物疫情报告管理办法》《重大动物疫情应急条例》等法律法规，以及口蹄疫、猪瘟、蓝耳病等防治技术规范。将法律法规和管理办法中有关要求应用到生猪饲养工作中，做到知法、懂法、守法。

（2）要认真学习生猪饲养的技术技能。生猪饲养员必须认真学习生猪饲养的基本技能和猪常见疫病的防控技术，熟练掌握生猪饲养管理、消毒免疫、饲料配制、生产档案建立和常见疫病的防控技术。

（3）要积极参加培训，不断提高生猪饲养的技术水平。生猪饲养员要不断参加培训，掌握生猪饲养的新技术及疫病防控的新技术、新要求和疫病流行的新特点，不断提高养殖工作的能力和水平。

【思考与练习题】

1. 产房饲养员关键的工作职责有哪些？
2. 对生长育肥舍饲养员要求的育肥标准有哪些？

模块二　猪的生物学特性及利用

【学习目标】

了解猪的多种生物学特性并能合理利用。

一、猪的生物学特性

猪的生物学特性是在进化过程中逐渐形成的，不同的猪品种既有共性，又有各自独特的特性，在生产实践中，要不断认识猪的生物学特性，并加以充分利用和改造。猪的生物学特性概括起来主要有以下几个方面。

（一）繁殖率高，世代间隔短

母猪一般 4~5 月龄达性成熟，6~8 月可以初次配种，妊娠期平均为 114 天，母猪超过 12 月龄就可以产第一胎，以后一年 2 胎，如采用早期断奶（28~35 天），可以达到 2.2~2.5 胎/年，母猪一般每胎产仔 8~12 头，平均为 10 头左右（我国有些地方猪种，每胎产仔多达 16~18 头），一头母猪若让其后代继续不断的繁殖，5 年内可繁殖直接后代和间接后代 16 000 头以上。

我国许多地方猪种具有优良的繁殖性能，表现出性成熟早，发情明显，产仔多，母性强，繁殖利用年限长，为优良种猪的繁育提供了优质的种质资源。

（二）生长期短，发育快

猪在胚胎生长期由于同胎中仔猪数多，使得仔猪在胚胎期各组织器官得不到充分发育，先天不足，例如头的比例大，上肢不健壮，初生重占成年体重不到1%，各系统器官发育不完善，对外界环境抵抗力低，出生后的护理尤其重要。

猪出生后，为补偿胚胎期内发育不足，出生后的1~2个月生长发育特别快。饲料利用效率最高，1月龄为初生重的5~6倍（6~8千克），2月龄体重又为1月龄体重的3~4倍（25~30千克），迅速的生长发育，使它的各系统器官很快趋向完善，适应外界环境条件。断奶后至8月龄前生长仍很快，种用后备猪8~10月龄体重达成年体重的40%左右，体长可达70%~80%。一般培育品种6月龄可达90~100千克，以后生长则逐渐减慢，呈"S"形生长曲线。各屠体成分发育也不均衡，总的趋势是生长初期骨骼生长强度大，以后生长重点转移到肌肉，最后脂肪沉积加强，民间一直流传"小猪长骨，大猪长肉，肥猪长膘"。

（三）屠宰率高

猪的屠宰率为70%~80%，出肉率达60%以上，而牛屠宰率为50%~55%，羊为45%，牛和羊出肉率只有35%~40%，相比之下猪的屠宰率和出肉率高，是提供动物性食品的重要来源。

（四）饲料转化效率高

高饲料原料转化率为有效生产肉类食品提供了更为有利的条件，是优良的肉类食品"转化器"。猪对饲料的转化率仅次于肉鸡而高于牛和羊，猪可将1千克淀粉转化为356克体脂肪，而牛只能转化成250克。猪每千克增重耗料在3.0千克左右，饲养管理条件好时饲料转化率可达（2.2~2.5）：1，试验条件下可低于2：1。

（五）杂食特性，饲料来源广泛

猪的门齿、犬齿和臼齿都很发达，咀嚼食物比较细致。

猪既采食植物性饲料，又能吃动物性饲料，因此饲料来源较为广泛，适合于我国绝大部分地区饲养，且配制饲料时可根据当地的可用饲料原料来源制定配方。但应注意猪对粗纤维的消化利用较差，日粮随粗纤维的上升而消化率降低。

（六）小猪怕冷，大猪怕热

新生仔猪由于皮下脂肪少，皮薄，毛稀，体表面积相对较大，体温调节机能差，故怕冷而不怕热，环境温度可在35℃上下。冬、春季节特别要注意做好仔猪的防寒保暖工作，以防腹泻、感冒和其他继发性疾病的发生。而肥育猪由于皮下脂肪层厚，炎热时不容易通过皮肤散热，因此大猪怕热。在炎热的夏季要注意通过多种途径同时给猪舍降温，防止发生热应激。

（七）嗅觉和听觉灵敏，视觉不发达

猪的嗅觉之所以灵敏，主要是因为猪的鼻筒较长，嗅区广阔，嗅黏膜的绒毛面积较大，分布在这里的嗅觉神经发达。猪的嗅觉非常灵敏，猪群之间、母仔之间的识别主要靠灵敏的嗅觉来完成，猪一生下来就能靠嗅觉寻找奶头的位置，3天后就能固定奶头，在任何情况下都不会弄错，哺乳母猪熟悉其子女气味48小时后，靠嗅觉能很快识别出混进的窝外仔猪并加以驱赶，甚至咬伤或咬死，如发现偷吃其奶的别窝仔猪，立刻起而攻之，因此，仔猪寄养时，要在母猪未熟悉其仔猪气味之前进行，3天以后寄养要采取相应的诱导措施方可。

嗅觉在猪的性联系方面也起着重要作用。母猪发情期间，公、母猪之间相距几百米甚至几千米都能相互取得性的联系，判断对方的方位。公母猪之间的这种性联系主要靠公母猪所散发的一种信息激素所致。此外，猪还可以依靠嗅觉识别自己的圈舍和卧位，也可以靠嗅觉在土壤上毫无差错地找到自己喜欢吃的食物。

猪听觉灵敏主要是因为猪的耳廓大，外耳腔深、广，搜索音响的范围大，即使很微小的音响，猪都能察觉得到，猪对意外的声响（仔猪呼叫）特别敏感，可辨别声音的强度（饲养员的脚步）、音调（呼名口令）及对喂食发出的响声，尤其易建立条件反射。

猪的视力很差。视距短，视野小，识别差。对事物进行识别和判断时，其视觉只能起到辅助作用，主要靠嗅觉和听觉来完成，如人工授精对公猪采精的训练，公猪对假母猪的外形没有任何识别能力，不管白、黑、花，不管真猪假猪，甚至也不管什么形状的假母猪，只要洒上些发情母猪的尿，就可采出精液，说明猪不是靠视觉来鉴别真假的。利用这一特点，为开展猪的人工授精带来了很大的方便。

（八）群体位次明显，爱好清洁

猪群有明显的群居和位次关系，不同窝断奶仔猪合并时会激烈咬斗，休息时开始按窝小群分片躺卧。经过几天后气味难辨，开始争夺位次，形成明显的位次关系。一般同品种的个体重与位次呈一定的正相关，而不同品种在限食饲喂时，位次表现得最明显，90%～95%表现为恃强凌弱，一般是饲料开始倒入饲槽的时候，开始出现抢夺，"强的吃，弱的看，不弱不强圆圈转"，如果事先在猪身上标上记号，实地观察记载，就能排出秩序，如果采用地面撒喂，由于散面大，可以推迟争料斗架的出现。

一般来说，位次一旦排定，极少易位，保持秩序的原因很多，猪首先彼此认识和记住，气味是识别的主要因素。从已建立秩序的群里取去头猪并不打乱其余猪的位次。一头猪离群后再回来是否能归复原位，取决于该猪原来的位次，头猪离群25天后回来仍可占据原位，而弱猪（末猪）虽离开3天，回来还得重新受气。成年猪之间则不一定体重大就排在前面，位次建立后才开始有秩序生活，出现和平共处的局面，若生活环境变化很大，或一头猪生病，位次将会发生变化，若猪群内头数太多，就难以建立位次，反复多次相互斗架，影响生长，故为集约化养猪提供了一定的最适合群数量，仔猪断奶如同窝育肥效果较好，群饲猪比单饲猪吃得快、多，生长也快，位次高的往往生长较快。

猪爱好清洁，一般固定采食和排粪位置，猪不在吃住的地方排大小便，但若人为使猪群密度过大，它就无法表现这一特点。所以仔猪出生后对其定位排便的调教非常重要。

（九）自己平衡营养的能力

国外有人做过这方面的试验：①用配合饲料粗蛋白含量相等，但有氨基酸平衡与不平衡之差别的两种同样的饲料让猪自由采食，结果可以看到猪会选吃氨基酸组成比较平衡的饲粮，而不吃或少吃不平衡的；②将饲料分为无蛋白的饲粮和高蛋白饲粮，试验发现幼母猪要比阉割小公猪采食更多的蛋白质，因前者胴体瘦肉要多些，故多食蛋白质饲料，这些研究都证实猪具有一定的平衡自己营养的能力，但猪为什么能做到这一点，其机制是什么尚不清楚。

总之，猪和其他家畜比较，具有多胎高产、世代间隔短、饲料利用效率高、出肉率高等特点。猪的生物学特性随着进化发展而变化。只有在了解的基础上为之创造各种适宜生存、生产的环境条件，才能发掘其最大的生产潜力。

二、猪的生活特性

（一）吸吮行为

吸吮行为与触觉行为、嗅觉行为、听觉行为以及印记行为一块组成猪只最初的吮乳行为。该行为有强烈的方位感。初生仔猪一经吸吮乳头（产后 6 小时内），将长期不会忘记这个乳头。利用这一行为特点可以在首次吸吮时，按仔猪强弱大小、母猪乳头前后固定乳头，以期获得好的仔猪整齐度。反之将引发 1～2 天的吮乳争斗，影响仔猪生长。也可利用吮乳行为用奶瓶代替乳头为缺乳仔猪哺食人工乳。

（二）采食行为

采食行为主要包括采食和饮水两种方式，并具有年龄特征，它与猪的生长和健康密切相关。猪除睡眠外，大部分时间都会用来觅食，猪生来就具有拱土的天性，拱土觅食是猪采食行为的一个显著特征。猪的采食行为主要表现如下。

（1）采食具有选择性。特别喜爱吃甜食（如哺乳仔猪喜爱甜食，故用低浓度的糖精溶液可以增加食欲，改变适口性）。颗粒料和粉料相比，猪爱吃颗粒料；干湿料相比，猪爱吃湿料，且采食花费的时间也短。

（2）采食频率和次数。猪白天采食次数 6～8 次，夜间采食次数 1～3 次。群饲的猪比单喂的猪吃得快，吃得多，增重也较快。猪的采食量较大，但猪的采食总是有节制，所以猪很少因饱食而致死亡。

（3）在多数情况下，饮水和采食同时进行，吃干料的猪每次采食后立即需饮水，且在任意采食时，猪饮水和采食交替进行，直到吃饱喝足为止。

（三）排泄行为

一般认为猪在习惯上是最脏的，实际上，在良好的管理条件下，猪是家畜中最爱清洁的动物。猪通常会保持其睡床清洁、干燥并避免粪便污染，而排粪排尿都有一定的时间和地点，一般会主动选择远离猪床的固定地点排粪排尿。猪通常习惯将粪尿排在近饮水处，因此，当猪第 1 次圈养在水泥地面的猪舍中，在水泥地面的一角用水浇上几天，会诱使猪群在这个地方排泄大部分的粪便。

（四）活动和睡眠

猪活动和睡眠有明显的昼夜节律。猪的活动大部分在白天，温暖季节和夏天的夜间也活动和采食；遇上阴冷的天气，活动时间缩短。猪的躺卧和睡眠时间很多，延长休息和睡眠时间是正常行为。哺乳母猪在哺乳期内白昼各阶段睡卧次数无明显规律，但睡卧时间长短有规律，表现出随哺乳天数的增加睡卧时间逐渐减少。走动的次数和时间较有规律变化，分别表现为由少到多和由短到长，与睡眠休息时间相反，这些都是哺乳母猪特有的行为表现。在饲养管理中应加以重视。仔猪生后 3 天内，除吃乳和排泄外，几乎全是酣睡不动。随着日龄增长和体质的增强，活动量逐渐增大，睡眠相应减少，但至 40 天大量采食补料后，睡卧时间又有所增加，饱食后一般较安静睡眠。睡眠休息主要表现为群体睡卧。在饲养管理中，工作人员应能识别猪的正常睡眠和休息形式，以便发现有异常症状情况，同时，尽可能不干扰猪的正常生理行为，有利于增重，提高饲料利用率。

（五）热调节行为

猪随着体格和体重的变化，对温度耐受力也会发生较大变化，即对冷耐受力提高，对热的耐受力降低。对成年猪而言，热应激比冷应激影响更大。瘦肉型猪由于背膘薄，既不耐热又不耐寒。适于在 20~23℃ 温度下生活，猪舍内最适宜的温度为 15~25℃，相对湿度为 60%~80%（肥育猪最大适宜湿度为 85%）。新生仔猪适应环境温度的能力是极其有限的，环境温度偏低，初生仔猪的体温很快下降，毫无疑问保温是提高仔猪成活率的重要措施之一。环境温度对生长肥育猪的采食量、饲料转化、增重以及胴体品质都有影响。一般认为低温环境对繁殖力没有影响或影响很小，高温对猪繁殖率有明显影响，母猪受胎率下降，不发情比例增加，公猪精子活力显著降低，配种受胎率随之下降，胚胎

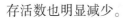

存活数也明显减少。

(六) 探究行为

探究行为包括探查和体验行为，此行为能够促进猪对新鲜事物的学习和适应能力。探究行为在仔猪中表现尤其明显。仔猪出生后约2分钟即能站起来，并开始用鼻子拱掘，来探查搜寻母猪的乳头，可见猪的探究行为是一种本能。仔猪还用鼻拱或口咬周围环境中所有东西来认识新的事物。摄食行为与探查行为有密切联系，猪在觅食时，首先是采用拱掘动作，这就是一种探究行为，如仔猪在接触到食物时，首先是闻，然后用鼻拱或嘴啃，当诱食料合乎其口味时，仔猪便会经常去采食，训练仔猪吃料便易于成功。大猪在猪圈内能明显地划分睡觉、采食、排泄等明显的区域性地带，主要是通过嗅觉的探究来区分各地带的气味特点。当猪进入陌生环境时，开始是怀着恐惧的心理站立或趴卧在某个角落里，这个角落也是它进入这个环境后经短暂的探查，认为是安全地带，经过一段时间后，确认没有危害时，便会渐渐地四处探查，直到对整个环境熟悉和适应。在合并后猪群的互相探查常会产生咬尾恶癖，这时可以利用猪对新物体的探究行为在圈舍内装置其他物品如轮胎、铁链条等，以吸引转移猪的探查目标。

(七) 争斗行为

争斗行为包括防御、进攻、躲避和守势的活动。争斗行为常发生在相互陌生的两头猪或两群猪之间，主要是确立等级。在生产中常见到的争斗行为，是群体内为了争夺饲料和地盘引起的，新合并猪群内相互交锋，除争夺饲料和地盘外，还有调整群居结构的作用。仔猪一出生，立刻就表现出企图占据母猪最好乳房位置的竞争习性。公猪比母猪好斗，但母猪在一定环境下，也会显示争斗行为，去势的公猪通常在争斗中是十分被动的，成年猪比小猪造成的后果严重得多。当一头猪进入陌生的猪群中，这头猪便成为全群攻击对象，如将两头陌生、性成熟的公猪第一次放在一起时，彼此会发生猛烈争斗，争斗激烈的程度取决于双方之间的坚韧性。猪的争斗行为除了受个性特征影响外，主要受饲养密度的影响，饲养的群体过大或密度增加，猪的争斗频率也随之增加。因而，大群猪或高密度饲养时，猪的采食量和饲料利用率都有所下降。对于猪生产者来说，不是去取消所有争斗，而是怎样减少或控制争斗，以减少损失，提高经济效益。

（八）修饰行为

猪主动清洁皮肤的行为也是一种修饰行为，此外猪还会用后蹄擦拭所能及的部位；在趴卧时，通过个体间的相互擦拭达到修饰皮毛的目的，同时也维系了个体间的社群关系。猪患病时，停止修饰行为，离群独居。

（九）印记行为

印记行为包括辨别、接近、伴随与学习的过程。猪的早期印记行为主要靠嗅觉印记和声音印记来区别亲母与同胞。母猪也靠印记来辨别非亲生仔。印记一旦形成，会延续终生。但猪的印记能力有限，群体过大（超过 25 头）会使个体印记能力降低，从而增加个体间的争斗。

三、常见品种及选购要点

（一）国外优良猪品种

1. 长白猪

长白猪原名兰德瑞斯，因其体躯长，毛色全白，故在中国通称长白猪，原产于丹麦，是世界最著名猪种之一（图 2-1）。

（1）外貌特征。长白猪外貌清秀，性情温和，全身白色，体

长白猪（公）　　　　　　长白猪（母）

图 2-1　长白猪

躯丰满，呈流线型，头狭长，颜面直，耳向前下平行直伸，颈部与肩部较短，背腰特长，腰线平直而不松弛，乳头 7~8 对。

（2）生产性能。长白猪具有生长快、饲料利用率高、瘦肉率高、母猪产仔数多、泌乳性能好等优点。与我国地方猪杂交优势显著。长白猪是改良我国地方猪种，提高瘦肉率的重要父本品种。但是，长白猪也存在体质较弱，抗逆性较差，对饲养条件要求较高等缺点。

2. 大约克（大白猪）

大白猪也称大约克夏，原产于英国北部的约克夏郡及其邻近地区，是目前世界上分布最广的猪种。

（1）外貌特征。大白猪全身被毛白色，头颈较长，脸微凹，耳中等大小而直立，体躯长，体型大，身体匀称，四肢结实，肌肉发达。

（2）生产性能。成年公猪体重 250~300 千克，母猪体重 230~250 千克。生长快，饲料报酬高，产仔较多，胴体瘦肉率高。以大白猪为父本与我国本地猪进行二元杂交，或在三元杂交中用作第一父本，均可取得较好的杂种优势。

3. 杜洛克猪

杜洛克猪原产于美国东北部，是世界著名的瘦肉型猪种（图 2-2）。

（1）外貌特征。杜洛克猪以全身被毛红色为特点，色泽从金

杜洛克（公）　　　　　　　　杜洛克（母）

图2-2　杜洛克猪

黄到棕红色，深浅不一。头较清秀，耳中等大，耳根直立稍下垂，体躯宽深，背腰成年时稍弓形，四肢粗壮，体质结实，适应性强。

（2）生产性能。杜洛克猪具有生长快、饲料转化效率高，抗逆性强的优点，但是，它又具有产仔少，泌乳力稍差的缺点，所以在二元杂交中一般都用作父本，在三元杂交中作为终端父本。

4. 皮特兰猪

目前世界上胴体瘦肉率最高的猪种，原产于比利时的布拉帮特地区，我国于20世纪80年代起引进皮特兰猪作杂交改良之用。

（1）外貌特征。皮特兰猪体躯呈方形，体宽而短，四肢短而骨骼细，肌肉特别发达。被毛灰白，夹有黑色斑块，还杂有部分红毛。耳中等大小向前倾。

（2）生产性能。瘦肉率特别高，背膘很薄，饲料转化率高，但其他增重，繁殖性能较低，且具有高度的应激敏感性（50%的猪舍含有氟烷基因），劣质肉（PSE）的发生率较高。

（二）我国部分地方品种

1. 太湖猪

太湖猪是我国优良地方猪种，是世界上繁殖力最强的猪种之一（图2-3）。包括二花脸猪、梅山猪、枫泾猪、嘉兴黑猪、黄泾猪、米猪和沙乌头猪等地方类群。

图 2 - 3 太湖猪

（1）外貌特征。品种特征体型中等，类群间有差异。头大额宽，额部皱褶多、深，耳特大，软耳下垂，耳尖齐或超过嘴角，形似大蒲扇。全身被毛黑色或青灰色，毛稀，腹部皮肤多呈紫红色，也有鼻吻白色或尾尖白色的，梅山猪、枫泾猪和嘉兴黑猪的四肢末端为白色。乳头 8 ~ 9 对。

（2）生产性能。3 月龄即可达性成熟，平均每窝产仔数 15 头，泌乳力强，哺育率高。成年公猪体重 160 千克，母猪 127 千克，生长速度较慢，6 ~ 9 月龄体重在 65 ~ 90 千克。梅山猪在体重 25 ~ 90 千克阶段，日增重 439 克，屠宰率 65% ~ 70%，胴体瘦肉率 42% 左右。

2. 东北民猪

原产于东北地区，具有抗寒力强、体质强健等特点（图 2 - 4）。

（1）外貌特征。全身被毛为黑色。体质强健，头中等大。面直长，耳大下垂。背腰较平、单脊，乳头 7 对以上。四肢粗壮，

图 2-4　东北民猪

后躯斜窄，猪鬃良好，冬季密生棕红色绒毛。

（2）生产性能。240 日龄体重为 98～101 千克。体重 99.25
千克屠宰，屠宰率75.6%。3～4 月龄即有发情表现，母猪发情周
期为 18～24 天，持续期 3～7 天。成年母猪受胎率一般为 98%，
妊娠期为 114～115 天，窝产仔数 14～15 头。

3. 金华猪

金华猪具有"两头乌"毛色特征。肉质好，适宜于腌制优质
火腿（图 2-5）。

图 2-5　金华猪

（1）外貌特征。体型中等偏小，毛色遗传性稳定，除头颈和
臀部、尾巴为黑色外，其余均为白色，故有"两头乌"之称。在

黑白交界处有黑皮白毛的"晕带"。耳中等大小、下垂，额上有皱纹，颈粗短，背稍凹，腹大微下垂，臀较倾斜，四肢较短，蹄坚实，皮薄毛稀。乳头多为 7~8 对。

（2）生产性能。早熟易肥、皮薄骨细、肉质优良，适于腌制火腿。7~8 月龄、体重 70~75 千克时为屠宰适期，胴体瘦肉率 40%~45%。

4. 香猪

香猪是我国优良地方猪种，也是世界著名的小型猪种之一（图 2-6）。

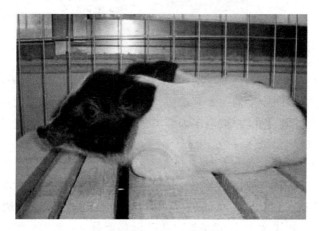

图 2-6 香猪

（1）外貌特征。体躯矮小，耳较小而薄，腹大丰圆触地，四肢短细，皮薄肉细，毛色多为全黑，亦有"六白"或不完全"六白"的特征，乳头 5~6 对。成年公猪体重 37 千克，母猪 40 千克。

（2）生产性能。60~70 日龄断奶，经 300 天体重增至 37 千克，日增重 136~234 克。体重 38.8 千克时，屠宰率 65.7%。膘厚 3 厘米，瘦肉率 46.7%。初产母猪产仔 4 头，经产母猪 5~6 头。

5. 藏猪

藏猪是我国高原型地方猪种，其体型较小，对高海拔有很强的适应能力（图2-7）。

图2-7　藏猪

（1）外貌特征。体型小，嘴长、直，呈锥形，额部皱纹少，耳小直立或向侧平伸，体躯较短，胸较窄，背腰平直或微弓，腹线较平，四肢结实。被毛多为纯黑色；鬃毛长而密，一般延长到荐部。成年公猪体重26~42千克，母猪30~54千克。

（2）生产性能。放牧条件下，肥育猪增重缓慢，12月龄体重20~25千克，24月龄35~40千克。在舍饲条件下，300日龄体重可达53千克。在放牧条件下，体重48千克时，屠宰率66.6%，胴体瘦肉率52.6%，初产母猪产仔4~5头，经产母猪产仔5~6头。

6. 两广小花猪

两广小花猪是我国华南型地方猪种，适应南方温热气候环境（图2-8）。

（1）外貌特征。以体短和腿矮为特征，表现为头短、颈短、耳短、身短、脚短、尾短，故又称为六短猪，额较宽，有Y形或菱形皱纹，中有白斑三角星，耳小向外平伸，背腰宽而凹下，腹大多拖地，体长与胸围几乎相等，被毛稀疏，毛色均为黑白花，黑白交界处有4~5厘米宽的晕带，乳头6~7对。

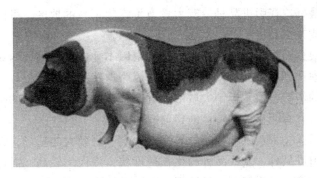

图 2 - 8　两广小花猪

（2）生产性能。6 月龄母猪体重 38 ~ 40 千克，体长 79 厘米，胸围 75 厘米。成年母猪体重 112 千克，体长 125 厘米，胸围 113 厘米。性成熟早，小母猪 4 ~ 5 月龄体重不到 30 千克即开始发情，多在 6 ~ 7 月龄、体重 40 千克时初配，初产平均产仔 8 头，三产以上平均产仔 10 头。体重 75 千克时屠宰，屠宰率 67.72%，胴体中肉占 37.2%，脂占 45.2%，皮占 10.5%，骨占 7.1%。

7. 其他经过培育的地方品种

北京黑猪、三江白猪、湖北白猪、南昌白猪、军牧一号白猪、苏太猪等。这些地方培养的猪种与长白猪或大约克（大白猪）杂交，生产二元杂商品仔猪或再与杜洛克猪杂交，生产三元杂商品仔猪效果显著，可明显提高瘦肉率、生长速度和料肉比。

（三）品种选购关键技术

1. 品种选择要适合当地养殖环境

我国地域辽阔，各地自然条件差异很大，各地区应根据当地条件选择适合的品种。猪品种的选择也应当根据当地经济条件、风俗习惯、环境气候条件、饲料来源及分布状态合理选择。

2. 品种选购关键技术

（1）品种选择。根据饲料资源选择品种，使用全价饲料养猪的，最好选择引进品种，有大量廉价青粗饲料的地区，可以选择地方或杂交品种。

根据销售目标地选择品种，如果以本地或农村销售为主，可以考虑选择地方品种或杂交品种，因为这些品种肉质较好，适合农村的消费习惯。运销大城市的就要选瘦肉率相对较高的引进品种或者具有明显地方特色的猪种饲养。

根据技术水平选择品种技术水平高、规模大的猪场，最好从国外引进品种，这些品种的生长速度快，瘦肉率较高。而地方品种适应性强，耐粗饲，母性好，发情明显。

（2）个体选择。要选择"精神活泼，反应灵敏"的猪，但要注意的是有些反应特别敏感的猪。乳头大小和分布要匀称，臀部较大和突出。腹部大小适中，阴部要求大小适中，发育正常。稍大而不松弛，但又不能有肿大感。阴尖部不上竖，力求线条平直。

四、猪的引种及注意事项

为了有效地提高猪群生产水平，达到优质、高产、高效，猪场要经常地引进优良种猪。尤其是新建猪场，在选购种猪时更应该选择高生产性能和健康水平的优秀良种。

（一）明确引种目的，制订引种计划

目前国内种猪市场有地方型猪、培育猪和外来瘦肉型猪。种猪有纯种猪、二元杂种猪及配套系猪等。养猪者应根据自身的实际情况，考虑本场的生产目的，有针对性地制定引种计划，确定所需引进猪品种及数量。种群更新应有选择性地购进能提高本场种猪某种性能、满足自身要求，且与本场的猪群健康状况相同的优秀个体；如果是加入核心群进行育种，则应购买经过测定的生产性能高的种公猪或种母猪。新建猪场应从所建猪场的生产规模、产品市场和猪场未来的发展方向等方面进行规划，确定引进种猪的数量、品种及级别，是地方品种还是外来品种（如长白、杜洛克或配套系猪等），是原种、祖代还是父母代。根据引种计划，选择质量高、信誉好的大型种猪场引种。

（二）引种前准备

1. 疫病调查

引种前应仔细调查各地的疫病流行情况，认真调查本场和引种场的周边环境及疫病流行情况。考查各种种猪的质量和引种猪场猪群的健康状况，弄清其猪群的免疫接种情况。尤其要注意近两年来猪场免疫、发病和预防治疗及用药情况，根据实际情况制订出新的免疫程序。必须从没有危害严重的疫病流行，并经过详细了解的健康种猪场引进种猪。

2. 种猪调查

对所需引进品种的情况进行调查，广泛搜集信息，并做对比分析。选择质量最好的种猪场，尽量在一家选购，以保证防疫安全。了解该种猪场的种猪选育标准，公猪重点了解其生长速度、饲料转化率和背膘厚等指标；母猪重点了解其繁殖性能（如产仔数、受胎率、初配月龄等）。种猪场引种最好能结合种猪综合选择指数进行选种，特别是从国外引种。

3. 确定引种的时间、数量及体重

新建猪场引种时查看好引种猪场后，可依据引种数量先建成 1~2 栋母猪舍，隔离封闭消毒后即可引种。一般引种应避开冬、春两季。冬春季节气候寒冷，再加上应激反应，容易发生疾病。另外，远距离引种应避开炎热的夏季，防止运输应激造成损失。引种数量较多时，应分批进行，以增加选择强度和方便有计划的配种，实行均衡生产。

引种用于逐步扩群时，引种数量为本场规模的 20%~25% 即可。引种时要考虑有足够的血缘及数量，以防母猪发情时没有适配的公猪。

引种体重一般要求母猪 40 ~ 60 千克，既可保证种猪的健康状况良好，有效地选种，又可有充分的时间进行种猪的各种疫苗注射。公猪则要求在 60 ~ 80 千克，可有效地选择公猪的种用价值。

4. 隔离舍的准备

猪场应设隔离猪舍，要求其距离生产区最好在 300 米以上，在种猪到场前 30 天（至少 7 天），对隔离舍及用具进行清洗消毒备用。

（三）引种注意事项

1. 选种

种猪要求健康，无任何遗传疾患和临床疾病，营养状况良好，发育正常，四肢结构合理，肢蹄结实，强健有力，全身无明显缺陷。所选的种猪必须符合本品种特征和本场的自身要求，种猪应耳号清晰，并打上耳标牌，纯种猪应系谱清楚。

种公猪要求活泼好动，性欲强，睾丸发育均匀对称，包皮没有积尿或积尿很少。成年公猪最好选择见到母猪能主动爬跨，性欲旺盛的公猪。

种母猪其外阴、乳头及腹线是观察的重点。生殖器要求发育正常，应选择阴户较大而松弛下垂的个体，有效乳头应不低于 6 对，分布均匀且发育良好。种母猪要求四肢有力且结构良好。

选种时要有标准，不可比较着选，否则，容易挑花眼。最好由有多年实践经验的养猪专业人员进行选种，对父本的选择更应严格一些。

2. 引种

选购后要求供种场提供该场免疫程序及所购种猪的免疫接种情况，并注明所用疫苗及各种疫苗的注射日期。种公猪最好是测

定后的公猪，有测定资料并附有 3 代以上的系谱。

所购种猪必须是经销售场主管兽医检查无猪瘟、口蹄疫、萎缩性鼻炎、伪狂犬病、布鲁氏菌病等疾病的健康猪，并由兽医检疫部门出具检疫合格证。出场种猪必须带有耳号，并附有耳标和免疫标识牌。

3. 引种地的选择

（1）避免从疫病流行的疫区引种。选择信誉好、有一定生产规模、近些年没有发生较大疫情的地区或养殖场引种。同时，引进品种要进行检疫，签订好合同，约定责任归属及售后技术服务等相关事宜。

（2）引种地距离较远时，要提前安排好专用的运输工具、中途停靠休息地，启程前要给予猪只饮用一些具有抗应激的药物制剂，防止应激损失。

五、繁殖技术

（一）发情

1. 发情周期

18～23 天的间隔发情规律，通常为 21 天。分为发情前期、发情期、发情后期和休情期四个阶段。母猪发情期长短因品种、个体、年龄、季节而异，短则一天，长则 6～7 天，平均 3～4 天。春季短，秋季、冬季稍长；国外品种短，地方品种稍长；老龄母猪较青年母猪短。

2. 发情表现

（1）行为方面。对外界反应敏感，兴奋不安，食欲减退，鸣叫，爬栏或跳栏，爬跨其他母猪，阴户掀动，频频排尿，随着发情进展，手按背腰部表现呆立不动，举尾不动；发情后期，拒绝公猪爬跨，精神逐渐恢复正常。

（2）外阴部变化，见下表。

表　母猪发情外阴户表现

项目	前　期	发情期
外阴户	微红肿	充血肿胀到透亮（末期紫红皱缩）
黏液	少	多
	水样	黏稠
	透明	半透明（乳白色）
阴道	浅红	深红
	干涩	润滑

（二）促进发情排卵的措施

1. 改善饲养管理

避免母猪过肥或过瘦，促使母猪运动，饲喂粗蛋白含量足或品质优，维生素含量丰富的饲料等。

2. 公猪诱情

用试情公猪追逐不发情的空怀母猪，或把公、母猪关在同一圈舍。

3. 仔猪提前断奶

4. 并窝

母猪产仔数少时，可将仔猪并到其他窝，促进本次产仔数较少的母猪尽早发情。

5. 合群并圈

把不发情的空怀母猪合并到发情母猪的圈内饲养，通过爬跨等刺激，促进空怀母猪发情排卵。

6. 按摩乳房

每天早晨饲喂后，用手掌进行表层按摩每个乳房共 10 分钟左右，经过几天母猪有了发情征象后，再进行表层和深层按摩乳房各 5 分钟。配种当天深层按摩 10 分钟。

7. 激素催情

在实践中使用的激素有孕马血清促性腺激素、绒毛膜促性腺激素和合成雌激素等。

8. 药物冲洗

子宫炎引起的配后不孕，可在发情前 1~2 天，用 1% 的食盐水或 1% 的高锰酸钾，或 1% 的雷夫奴尔冲洗子宫，再用 1 克金霉素（或四环素、土霉素）加 100 毫升蒸馏水注入子宫，隔 1~3 天再进行一次，同时口服或注射磺胺类药物或抗生素，可得到良好效果。

9. 中药方剂

大多以补肾、补血、补气为主。如当归 15 克、川芎 12 克、白芍 12 克、熟地 12 克、小茴香 12 克、乌药 12 克、香附 15 克、陈皮 15 克、白酒 100 毫升。水煎，2 次/天，外加白酒 25 毫升。

（三）配种

1. 配种方式

（1）单次配种。母猪在一个发情内，只用一头公猪交配一次。

（2）重复配种。母猪在一个发情内，用同一头公猪先后配种 2 次，间隔 8~24 小时。

（3）双重配种。母猪在一个发情内，用不同品种或同一品种的两头公猪先后配种 2 次，间隔 10~15 分钟。

（4）多次配种。母猪在一个发情内，用同一头公猪先后配种 3 次或 3 次以上。

2. 配种方法

自然交配是让公猪和母猪自行直接交配的方式。有自由交配和人工辅助交配两种。

（1）自由交配。按一定公母比例，将公猪和母猪同群，雌雄个体间的随机交配。可以节省大量的人力物力，也可以减少发情母猪的失配率。但也有明显的缺点，如公母猪混群饲养，性欲强的公猪经常追逐母猪，影响采食；母猪发情集中时，无法控制交配次数，公猪体力消耗很大，将降低配种质量，也会缩短公猪的利用年限；公母混杂，无法进行有计划的选种选配，易造成近亲交配和早配，从而影响猪群质量；不能记录确切的配种日期，也无法推算分娩时间，给产仔管理造成困难，易造成意外伤害和怀孕母猪流产；由生殖器官接触传播的传染病不易预防控制。

（2）人工辅助交配。目前是猪场最重要的配种方式。配种前，公母猪分开饲养，发情配种时，把母猪赶到固定交配地方，然后赶入配种计划指定的与配公猪，交配后公、母猪再分开饲养。

（四）人工授精

1. 人工授精的优点

（1）提高优良公猪的利用率、促进品种的改良和提高。

（2）克服体格大小差别，充分利用杂种优势。

（3）克服时间和空间的差异，适时配种。

（4）减少疾病传播。

（5）节省人力、物力、财力，提高经济效益。

2. 采精方法（图2-9）

（1）假阴道采精法。目前已很少使用。

（2）徒手采精法。模仿母猪子宫颈对公猪螺旋阴茎龟头的约束力而引起射精。采精时手握成空拳，当公猪阴茎伸出时，将阴茎导入空拳内，让其抽送转动片刻，用手指由轻到紧握住阴茎龟头不让转动；随阴茎充分勃起时顺势牵伸向前，手指有弹性、有节奏地调节压力，公猪即行射精，用适当的灭菌容器接精即可。

3. 输精时间

断奶后3~6天发情的经产母猪，发情出现站立反应后6~12

图2-9 公猪采精

小时进行第1次输精配种。后备母猪和断奶后7天以上发情的经产母猪，发情出现站立反应，就进行配种（输精）。

4. 精液检查

从17℃精液保存箱中取出的精液，无需升温至37℃，摇匀后可直接输精，但检查精液活力需将玻片预热至37℃。

5. 输精剂量

一般输精剂量不低于20毫升，有效精子密度不低于0.3亿/毫升，其受胎效果良好。瘦肉型母猪的授精量与本地猪有较大差异。瘦肉型经产母猪授精量保证100毫升，后备母猪保证有80毫升；本地猪授精量有40毫升即可。

6. 输精前准备

输精人员的准备 输精人员的手指甲要剪平磨光，用75%的酒精消毒手臂，干燥后戴上薄膜手套，清洁母猪阴户后，脱去手套，再进行插入授精管。

保定母猪，并用45℃的0.1%高锰酸钾水溶液清洁母猪外阴、尾根及臀部周围，再用温水浸湿毛巾，擦干外阴部。

从密封袋中取出没有受任何污染的一次性输精管（图2-10），手不应接触输精管的前2/3部分，在其前端上涂上红霉素软膏作润滑剂。

7. 输精操作

（1）输精管插入方法。双手分开母猪外阴部，左手使外阴口

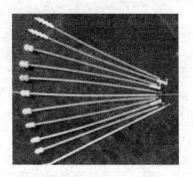

图 2 – 10 一次性输精管

保持张开状态，将输精管 45°角向上插入母猪生殖道内 10 厘米左右时，将输精管平推，当感到有阻力时，继续缓慢向左旋转并用力将输精管向前送入，直到感觉输精管前端被锁定（轻轻回拉拉不动），一次性输精器在插入过程中，当感到有阻力时，再用力推送 5 厘米左右，使其卡在子宫颈中。

（2）输精。从精液贮存箱中取出品质检验合格的精液，确认公猪品种、耳号；缓慢颠倒摇匀精液，打开精液袋封口将塑料管暴露出来，接到输精管上，将精液袋后端提起，开始进行输精（图 2 – 11、图 2 – 12），也可将精液袋先套在输精管上后再将输精管插入母猪生殖道内；在输精过程中，应不断抚摸母猪的乳房或外阴、压背、抚摸母猪的腹侧以刺激母猪，使其子宫收缩产生负压，将精液吸纳。输精时除非输精开始时精液不下，勿将精液挤入母猪的生殖道内，以防精液倒流。

8. 输精次数

一般经产母猪一个配种情期输精 2 次，后备母猪一个配种情期输精 3 次。最后一次输精后 18 小时应检查母猪是否已经过了发情期，如未过发情期，仍有静立反应，应再输精一次。两次输精的间隔时间一般为 8 ~ 12 小时。

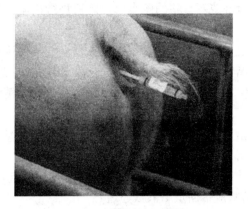

图 2-11 母猪人工授精

图 2-12 母猪人工授精

9. 输精时的问题处理

防止精液倒流。用控制精液袋高低的方法来调节精液流出的速度。输精时间一般在 3~7 分钟，输完后，可把输精管后端一小段折起，用精液袋上的圆孔固定，使输精器滞留在生殖道内 3~5 分钟，让输精管慢慢滑落；或精液输完后，以较快地速度将输精管向下抽出，以刺激子宫颈口收缩，防止精液倒流。如果在输精时，精液倒流，应将精液袋放低，使生殖道内的精液流回精液袋中，再略微提高精液袋，使精液缓慢流入生殖道，同时注意压迫母猪的背部或对母猪的侧腹部及乳房进行按摩，以促进子宫收缩。

如果以上方法仍然不能解决问题，精液继续倒流或不下，可前后移动输精管，或抽出输精管，重新插入锁定后，继续输精。

每头母猪每次输精都应使用一根新的一次性输精管，防止子宫炎发生。

经产母猪用一次性海绵头输精管，输精前检查海绵头是否松动；后备母猪用一次性螺旋头输精管。

如果在插入输精管时，母猪排尿，就应将这支输精管丢弃（多次性输精管应带回重新消毒处理）。

【思考与练习题】

1. 引种时的注意事项。
2. 如何识别母猪发情及人工授精。

模块三　猪群结构和猪群流转

【学习目标】

掌握猪场猪群结构和组成；熟悉生猪的周转程序。

一、猪群结构

目前，我国规模化猪场主要有 3 个类型：大型规模化猪场：年产 10 000 头商品肉猪以上；中型规模化猪场：年产 3 000 ~ 5 000 头商品肉猪；小型规模化猪场：年产 3 000 头以下。目前，发展中、小型规模化自繁自养猪场是许多养殖户的首选。

案例：以年出栏 10 000 头商品肉猪厂为例，猪群结构与存栏头数的计算与安排如下。

（一）成年母猪头数

成年母猪头数 = 年出栏商品肉猪头数/每头母猪每年能提供的商品猪头数。按照每头母猪每年提供上市商品猪 20 头计，则：成年母猪头数 500（头）。

（二）后备母猪头数

母猪年更新率为 30%。后备母猪头数 = 成年母猪头数 × 年更新率，则：后备母猪头数 = 500 × 30% = 150（头）。

（三）公猪头数

公母比例授精为 1：（50 ~ 100）。公猪头数 = 成年母猪头数 × 公母比例，则公猪头数 = 500 × 1/（50 ~ 100）= 5 ~ 10（头）。

（四）后备公猪头数

公猪年更新率为30%。后备公猪头数 = 公猪头数 × 年更新率，则后备公猪头数 = （5~10）×30% = 1.5~3（头）。

（五）待配母猪、妊娠母猪、哺乳母猪栏位计算

各类猪群在栏时间：配种房 = 待配（7 天）+ 妊娠鉴定（28天）= 35（天）；妊娠舍 = 妊娠期（115 天）- 妊娠鉴定（28天）- 提前入产房（7 天）= 80（天）；产房 = 提前入产房（7天）+ 哺乳期（28 天）= 35（天）。上述 3 项总在栏时间：配种房（35 天）+ 妊娠舍（80 天）+ 产房（35 天）= 150（天）。母猪在各栏舍的饲养时间比例分别为：配种房 = 35/150 = 23.3%，妊娠舍 = 80/150 = 53.4%，产房 = 35/150 = 23.3%。500头母猪按上述比例分配：配种房有母猪 500 × 0.233 = 117（头），妊娠舍有母猪 500 × 0.534 = 266（头），产房有母猪 500 × 0.233 = 117（头）。配种房应有栏位 117 个，妊娠舍应有栏位 266 个，产房应有产床 117 个。

（六）保育舍栏位计算

仔猪保育期 35 天，则可与产房栏位数量相同。计划：每圈舍为一窝，原则上暂不合群。

（七）育肥舍栏位计算

育肥期 90 天，消毒 3 天共计 93 天。一般 8~10 头为一圈。其饲养期为保育期的 2~3 倍，需栏位数也应为保育期的 2~3 倍。

（八）占地面积概算

年出栏 1 000 头商品肉猪，需饲养母猪 60 头。占地面积 3~4亩，猪舍建筑面积 1 000~1 200 平方米。

各类猪分别平均每头占栏舍面积：种公猪 8 平方米/头；哺乳母猪 7.5 平方米/头；空怀或怀孕前期母猪 2 平方米/头；怀孕后期母猪 5 平方米/头；断乳仔猪 0.8 平方米/头；肥育猪 1.2 ~ 1.5 平方米/头。

二、猪群流转

（一）猪群流转原则

猪群流转也称为猪群周转。猪群周转时应遵守如下原则。

第一，后备母猪达到体成熟（8 ~ 10 月龄）以后，经配种妊娠转为鉴定猪群。鉴定母猪分娩产仔后，根据其生产性能（产仔数、初生重、泌乳力和仔猪育成率等情况），确定转入一般繁殖母猪群或基础母猪群，或做核心母猪，或淘汰做肉猪。鉴定公猪生产性能优良者转入基础公猪群，不合格者淘汰，去势育肥。

第二，初产母猪经鉴定符合基础母猪要求者，可转入基础母猪群，不符合要求者淘汰，做商品肥猪。

第三，基础母猪 4 ~ 5 岁以后，生产性能下降者淘汰育肥。基础母猪群中包括各种年龄的母猪若干头，并选出优异者组成核心群，每年需进行补充和调整、淘汰，每年从核心母猪群所生的小母猪中选留育成母猪，根据要求分期选留或淘汰，直至转入基础母猪群，以保证基础母猪群所需数量。100 头基础母猪的猪场，应饲养基础公猪 4 ~ 6 头（本交），若采用人工授精，头数可酌情减少。

第四，种公猪在利用 3 ~ 4 年后生产性能下降者淘汰育肥。

（二）猪群周转计划

确定各类猪群的头数，猪群的增减变化，以保持合理的猪群结构，达到最佳生产效益。由于规模化猪场的猪群周转按小群连续进行，所以，对整个猪群来说，每周都有部分小群发生转移。在均衡生产的情况下，从理论上说各周猪群的转移基本上是一致的，因此，在连续流水式作业的情况下，需制订出每周的不同时间的转群计划。

星期一：妊娠猪舍产前1周的临产母猪调到分娩舍。分娩舍于前2天做好准备工作。

星期二：配种舍将通过鉴定的妊娠母猪调到妊娠猪舍，妊娠猪舍于前1天做好准备工作。

星期三：分娩舍将断奶母猪调到配种舍，配种舍于前1天做好准备工作。

星期四：将上1周断奶留栏饲养1周的断奶仔猪调到仔猪舍，仔猪舍于前2天做好准备工作。

星期五：将在仔猪舍饲养5周的仔猪调到生长育肥舍，生长育肥舍于前1天做好准备工作。

星期六：生长育肥舍肉猪出栏。

应该注意，在转移每一群猪时，都应该随带本身的原始档案资料。为及时掌握猪群每周的周转存栏动态情况，可采用与之相适应的生猪每周调动存栏表。本表的特点是按猪的生产流程将猪群分为配种舍、妊娠舍、分娩舍、仔猪舍、生长育肥舍，每种猪舍都有一个分表，按各舍实际需要设计具体项目。将各分表联系起来，便成为企业猪群每周的周转存栏动态总表。这一总表既能反映出各类猪的周内变动情况，也便于与周作业计划进行对比。

【思考与练习题】

1. 设计并计算年出栏1万头商品肉猪厂的猪群结构与存栏头数。

2. 根据本场的生猪存栏头数，制订详细的猪群周转计划。

模块四　猪的饲料配制

【学习目标】

1. 掌握不同阶段猪的发育特点及营养需要。
2. 熟练掌握常用饲料原料的鉴定方法。

一、猪生长发育特性

（一）生长发育规律

猪从出生到长大出栏，生长发育过程复杂。猪体骨骼、肌肉、脂肪、皮肤等组织和器官都在不断地生长，体积从小到大，体重不断增加，最终出栏。

总体上，猪体重的增加呈现了慢—快—慢的趋势。随着年龄的增长，猪的体重增长速度加快，到了一定年龄阶段，速度又开始减慢。所以要加强断奶后早期生长快的阶段的饲养管理，保障猪整个生长过程有一个理想的生长速度。

猪胴体由骨、肉、脂、皮四大部分组成，各部分的生长强度并不均衡。在养猪生产中总结出"小猪长骨、中猪长皮（指内脏）、大猪长肉、肥猪长膘的规律"。在生后 2～3 月龄至体重 30～40 千克时，是骨骼生长速度快的时期，同时肌肉组织也在生长和发育；体重 50～60 千克时，肌肉组织充分发育；90～100 千克阶段，肉质得到改善，又称为肉质改善期，即肌细胞中干物质相对增多，肌肉组织生理生化功能完善；从食品的角度来讲，这一阶段的肉质是最好的。在体重 100 千克以后，脂肪组织又迅速生长，胴体的背膘厚度增加，腹部脂肪和肌间脂肪沉积量增加。

皮肤的生长是随体积的增大而增加，但皮肤厚度的增加，除品种特点外，其最旺盛时期还是在脂肪沉积之后。

随着生长发育，猪体组织成分，如水分、蛋白质、脂肪、灰分的含量也有规律性的变化。从整体上看，猪在生长发育前期，增长的主要是水分、蛋白质和灰分，中期减少，后期更少，脂肪的增长主要在后期，所以，为获得高瘦肉率的胴体，育肥猪必须适时出栏。

根据猪的生长规律可以得出：生长前期，猪的新陈代谢水平较高，生理活动旺盛，因此，饲料中必须供应充足的蛋白质和矿物质，以促进骨骼和肌肉组织的生长发育。供应的蛋白质不仅要求数量充足，而且质量应该好，同时保证必需氨基酸的平衡。如达不到平衡，饲料中粗蛋白质的含量再高，也不能被机体利用而从粪、尿中排出，造成蛋白性饲料的浪费，从而提高了养殖成本，降低了养殖效益。

（二）猪的消化特点

猪的消化系统比较简单。食物在消化道内的消化，起自口腔，经过咽、食管、胃、小肠（包括十二指肠、空肠及回肠）、大肠（包括盲肠、结肠及直肠），最后止于肛门。消化腺包括唾液腺、胃腺、肝脏、胰腺和肠腺等。由于猪的消化道容量有限，化学消化作用占有非常重要地位。

1. 口腔消化特点

猪采食饲料后，经过口腔细致的咀嚼和混合唾液，形成食团。猪平时只分泌少量唾液，保护和湿润口腔黏膜，采食时分泌量才显著增加。猪每昼夜分泌的唾液量平均为 10～15 升，唾液含水量约99%，其余由黏蛋白、无机盐、α-淀粉酶以及溶菌酶组成。由于饲料在口腔停留时间很短，故对淀粉的消化作用很弱。吞咽使食团由口腔进入胃内，受到胃液的作用。

2. 胃的消化特点

胃是消化器官膨大的部分，入口称贲门，与食管相连；出口为幽门，与十二指肠连接。胃的主要功能是暂时贮存食物，使食物与胃液充分混合，形成一种半流质的混合物——食糜，然后以最适宜于小肠消化和吸收的速度推动食糜经过幽门进入十二指肠。胃液是胃黏膜各腺体所分泌的混合物，它由水、无机盐、胃蛋白酶、凝乳酶、黏蛋白和盐酸组成，其中，胃蛋白酶是胃液中的重要消化酶，最初由胃底腺分泌不具活性的胃蛋白酶原，在盐酸或已激活的胃蛋白酶作用下，转变为具有活性的胃蛋白酶，使蛋白质水解为肽及少量氨基酸。

凝乳酶可促使乳汁凝固，延长乳汁在胃内停留时间，增加胃液对乳汁的消化作用。盐酸除可提供酶所需的 pH 值环境、激活胃蛋白酶原外，还可抑制和杀灭胃内细菌。黏液含有蛋白质、糖蛋白和黏多糖等，覆盖于黏膜表面，可润滑食物，中和胃酸，保护黏膜，免受粗硬食物的损伤和抵抗化学因子（如酸性胃液中的胃蛋白酶等）对胃黏膜的侵蚀。食物在胃壁平滑肌的收缩和蠕动运动中逐渐向小肠移动，同时，胃的蠕动可使食物与胃液充分混合，形成食糜，以利于消化酶发挥作用。

3. 小肠的消化特点

小肠是消化道最长部分，食物停留在这里时间最久，含消化酶最丰富，是各种营养物质消化为最终产物的场所，在整个消化过程中占有极重要地位。食物经胃消化后，变成流体或半流体的酸性食糜，逐渐进入小肠，开始在小肠的碱性环境中继续消化。食糜在小肠内受到胰液、胆汁和肠液的化学性消化作用和小肠运动的机械性消化作用。小肠的运动主要是促进化学性消化和吸收，饲料的大部分营养物质在小肠被分解成为可吸收和利用的状态，并将不能消化和吸收的食物残渣推进大肠。食物在小肠停留的时间，因饲料的性质而不同。

小肠的消化液有胰液、胆汁和小肠液 3 种。

胰液：胰腺是很重要的消化腺，是具有外分泌和内分泌的腺体。它的外分泌部分由腺泡及导管系统组成，产生的分泌物就是胰液。胰液从腺泡中产生后，经胰导管流入十二指肠。胰液是 pH 值为 7.8～8.4 的无色透明的碱性液体，它的渗透压与血浆的渗透压相等。猪一昼夜分泌胰液为 7～10 升。胰液主要由水分、无机物和有机物组成，无机物主要是高浓度的碳酸氢钠和氯化钠，碳酸氢钠可部分中和来自胃的酸性食糜和胃酸，为小肠内的消化酶提供适宜的碱性环境。胰液的有机物主要为各种消化酶。胰液消化酶含量丰富，包括胰蛋白酶、胰脂肪酶、胰淀粉酶等。胰蛋白分解酶又包括胰蛋白酶、糜蛋白酶和羧肽酶等。胰蛋白酶与糜蛋白酶共同作用能水解蛋白质为多肽，而羧肽酶则能分解多肽为肽和氨基酸。胰脂肪酶是胃肠道消化脂肪的主要酶，在胆盐的共同作用下，能将脂肪分解为脂肪酸和甘油。胰淀粉酶能分解一切淀粉（淀粉和糖原），产生糊精和麦芽塘。此外，胰液内还有麦芽糖酶、蔗糖酶、乳糖酶等双糖酶，将双糖进一步分解为单糖（葡萄糖）。

胆汁：胆汁在肝内不断地由肝细胞分泌。胆汁生成后，在消化期间由肝管流出，经总肝管排至十二指肠，非消化期间则由肝管转入肝囊管而贮存在胆囊内，当消化时再由胆囊反射性排出。胆汁为具有强烈苦味、带黏性的酸性或微碱性液体（pH 值为 5.9～7.8）。胆汁中含有与消化有关的胆酸盐、胆酸、胆固醇、脂肪酸与卵磷脂等，也含有与消化无关的肝的排泄物，如胆色素，是血红蛋白的分解产物。胆汁中的胆酸盐和胆酸在消化过程中具有较重要的作用。胆酸盐、胆固醇、卵磷脂等都可作为脂肪的乳化剂，降低脂肪滴表面张力，使脂肪乳化成微滴，以增加其与胰脂肪酶的接触面积，有利于消化，胆酸盐是胰脂肪酶的辅酶，能激活胰脂肪酶的活性，胆酸可与脂肪酸结合形成水溶性的复合物，促进脂肪酸的吸收。胆汁对促进脂溶性维生素（维生素 A、维生素 D、维生素 E、维生素 K）的吸收也有重要意义。

小肠液：小肠有肠腺与十二指肠腺。肠腺普遍分布在小肠的黏膜中，十二指肠腺只存在于小肠的起始部分。小肠液是小肠黏膜中各种腺体的混合分泌物，呈弱碱性，含有黏液和多种消化酶。小肠液含有能激活胰蛋白酶原的肠激酶，还含有肠肽酶、肠脂肪酶和肠淀粉酶等，肠肽酶能把多肽分解成氨基酸，肠脂肪酶能把脂肪分解成甘油和脂肪酸，肠淀粉酶能分解多糖为双糖。此外，分解双糖为单糖的有蔗糖酶、麦芽糖酶与乳糖酶等。

4. 大肠的消化特点

大肠前接回肠后通肛门，它包括盲肠、结肠和直肠三部分。盲肠是大肠的起始部分，在回肠入大肠处下方。盲肠有两个口，一是回盲门，是回肠通入盲肠的开口；另一是盲结口，与结肠相通。直肠前接结肠，后通肛门。食糜经小肠消化和吸收后，它的残余部分逐渐经回盲口进入大肠。由于大肠黏膜中的腺体分泌碱性、黏稠的消化液，其中，含有消化酶甚少，所以大肠内的消化，主要靠食糜带来的小肠消化酶和微生物（细菌和纤毛虫）的作用。在大肠的内容物中，还有不少未被消化的营养物质，如纤维素、蛋白质和糖类等，在微生物及随食糜带来的小肠消化酶的作用下被继续分解消化。猪对饲料粗纤维的消化，几乎完全靠大肠内纤维素分解菌的作用，纤维素及其他糖类被细菌分解产生有机酸（乳酸和低级脂肪酸），并被肠壁吸收入血液。大肠的主要功能是吸收水分、电解质和在小肠来不及吸收的物质。

食糜经消化、吸收后，其余的残余部分进入大肠的后段，水分被大量吸收，大肠的内容物逐渐被浓缩而形成粪便，排出体外。

二、猪营养需要

目前，我国商品猪主要采取全价饲料饲养为主。配制全价饲料的具体要求是：满足不同品种猪生长发育或生产的不同阶段对能量、蛋白质和氨基酸、矿物质及维生素的需要；有良好的适口性；有必要的体积，粗纤维含量适中，不霉败和变质。根据猪的生理需求及饲料在动物体内的消化代谢规律，猪对营养的需要大体包括以下几个方面。

（一）蛋白质及氨基酸

1. 蛋白质和必需氨基酸水平问题

日粮中的这部分营养也分为维持营养量和生长营养量两个部分。并不是日粮中蛋白质和必需氨基酸水平越高越好，应以科学的饲养标准为依据，可请饲料厂家协助做出最优的饲料规划。

蛋白质是饲料中最主要的营养物质之一，是由氨基酸组成的一类数量庞大的物质的总称。蛋白质的营养实际上是氨基酸的营养。蛋白质的主要组成元素是碳、氢、氧、氮，大多数蛋白质还含有硫，少数含有磷、铁、铜、碘。含氮量一般按 16% 计算。

蛋白质的主要功能包括：体组织细胞的主要原料；动物机体内功能物质的主要成分；动物新陈代谢中组织更新、修补的主要原料；在机体营养不足时，可分解供能，维持机体的代谢活动。因此，没有优质蛋白质的供应，动物的生命活动就会受到影响。

2. 必需氨基酸

营养学上把必须由食物或饲料提供的氨基酸称为必需氨基酸，包括赖氨酸、蛋氨酸、色氨酸、苏氨酸、异亮氨酸、组氨酸、亮氨酸、苯丙氨酸、精氨酸、缬氨酸。

限制性氨基酸：在动物的饲料和日粮中，某一种或几种必需氨基酸的含量低于动物的需要量，而且由于其不足限制了其他必需和非必需氨基酸的利用，称为限制性氨基酸。在饲料的配制中，限制性氨基酸是考虑饲料配方时的最主要因素之一，全价饲料配方必须满足动物对限制性氨基酸的需要。

（二）碳水化合物

碳水化合物的营养主要是指能量水平。碳水化合物主要由碳、氢、氧三大元素组成。在常规营养分析中，主要包括无氮浸出物（淀粉和糖）和粗纤维（主要是植物的细胞壁部分，由纤维素、半纤维素、木质素角质等组成，是饲料中最难消化的部分）。日粮中所含能量分两部分被利用，一部分用来维持机体正常的生命活动，这部分称维持需要；剩余部分供生长需要，以蛋白质和脂肪形式沉积下来，表现为体重增加。

碳水化合物的主要营养功能包括：组成器官所不可缺少的成分；猪体热能的主要来源；可转化为体脂，也是形成乳脂的原料，可转化为肝糖原、肌糖原等贮备起来，以备机体能量缺乏时动员出来及时发挥作用。

（三）脂肪

脂肪主要由碳、氢、氧元素组成，分为真脂肪（由脂肪酸和甘油结合而成）和类脂肪（由脂肪酸和甘油、其他含氮物质结合而成）。

脂肪的主要营养功能：动物生长和修补体组织的原料；供给动物能源和贮存能量的好形式；脂溶性维生素的溶剂；体内制造维生素和激素的原料；为动物提供必需的脂肪酸，利于幼畜的生长；成为畜产品的原料。

（四）矿物质

动物体内除以碳、氢、氧为主的有机化合物外，其他各种元素均称为矿物质元素。根据机体需要不同，分为常量元素和微量元素。在猪生产过程中，主要应考虑钙、磷的比例和给量、食盐的给量。钙、磷是通过钙粉和骨粉的添加解决的，食盐以占风干日粮的 0.5% 为宜。微量元素是通过添加剂解决的，但应注意硒元素的补充。硒元素是猪饲料中容易缺乏的元素，对瘦肉型猪来讲，硒元素对提高肉质，降低 PSS 和 PSE 现象的发生，都起重要作用，但不应过量，否则会发生中毒。

1. 常量元素

钙与磷是骨骼和牙齿的主成分。生产实践中发现，钙磷的缺乏或钙磷不平衡会引起动物许多异常。动物最初可出现异嗜，进而啃食砖块、破布等，其生产、繁殖性能和泌乳等都会受到极大的影响。

钠和氯大部分存在于体液及软体组织，对维持体液内酸碱平衡、细胞与体液的渗透压有重要作用。缺钠可引起生长缓慢、饲料报酬率低、体重减轻、食欲减退和泌乳下降等。大部分氯存在于细胞外液，有维持体内渗透压和酸碱平衡的作用，缺氯可导致生产减缓，也会对肾脏等器官造成损害。饲料中常用食盐来平衡钠和氯。

2. 微量元素

铁：是血红蛋白、肌红蛋白及多种酶的必需组分，主要生理作用是参与氧的转运、交换和呼吸作用。缺铁或不足会使仔畜发生贫血，红细胞减少，表现为皮肤和黏膜苍白，甚至引起死亡。

锌：为动物体内多种酶的成分，也是胰岛素的成分，参与碳水化合物的代谢。

硒：在体内的作用近似于维生素 E，有抗氧化作用，对畜禽有促生长作用。

铜：与动物的造血、骨骼的发育、动物的被毛品质和繁殖等有密切的关系。缺铜会影响动物的正常生长发育。

钴：在动物体内主要为维生素 B_{12} 成分，缺乏会引起反刍家畜瘤胃中微生物量减少及区系组成变化，使某些营养物质合成受阻。主要表现为，食欲不良，幼畜生长停滞并有贫血现象。

锰：为骨骼正常发育所必需。

碘：主要存在于动物的甲状腺中，主要功能是构成甲状腺，作为调节机体新陈代谢的重要物质。

铬：能促进许多酶的活化，是胰岛素的辅助因子和胰岛素相互作用使血糖变为能量或以糖原和脂肪贮存。

（五）维生素

维生素是猪生产、繁殖、生长所必需的微量有机化合物，大多数情况下需从饲料中补给。常见的维生素又分为脂溶性维生素和水溶性维生素。

1. 脂溶性维生素

维生素 A：维持正常视力，预防夜盲症；维持上皮细胞组织健康，促进损伤黏膜的修复；促进生长发育；增加对传染病的抵抗力；预防和治疗仔猪消化不良。

维生素 D：参与调节人体内钙和磷的代谢，促进吸收利用，促进骨骼成长。

维生素 E：维持正常的生殖能力和肌肉正常代谢；维持中枢神经和血管系统的完整，具有较强的抗氧化作用。

维生素 K：主要参与止血凝血过程。它不但是凝血酶原的主要成分，而且还能促使肝脏制造凝血酶原。

2. 水溶性维生素

维生素 B_1：保持循环、消化、神经和肌内正常功能；调整胃肠道的功能；构成脱羧酶的辅酶，参加糖的代谢。

维生素 B_2：又称核黄素。核黄素是体内许多重要辅酶类的组成成分，这些酶能在体内物质代谢过程中传递氢，它还是蛋白质、糖、脂肪酸代谢和能量利用与组成所必需的物质。能促进生长发育，保护眼睛、皮肤的健康。

泛酸（维生素 B_5）：抗应激、抗寒冷、抗感染、防止某些抗生素的毒性，消除术后腹胀。

维生素 B_6：在蛋白质代谢中起重要作用。治疗神经衰弱、眩晕、动脉粥样硬化等。

维生素 B_{12}：抗脂肪肝，促进维生素 A 在肝中的贮存；促进细胞发育成熟和机体代谢。

维生素 C：连接骨骼、牙齿、结缔组织结构；对毛细血管壁的各个细胞间有粘合功能；增加抗体，增强抵抗力；促进红细胞成熟。

维生素 PP（烟酸）：在细胞生理氧化过程中起传递氢作用，具有防治癞皮病的功效。

叶酸（维生素 M）：抗贫血；维护细胞的正常生长和免疫系统的功能。

此外，影响维生素需要量的因素主要有以下几点。

动物本身：动物品种、品系、生理状况、年龄、健康、营养和生产目的。

限制饲养。

应激、疾病或不良环境。

维生素颉颃物：在饲料原料里或饲料构成成分上，会有一些成分对维生素产生颉颃作用，干扰维生素的活性。

（六）水分

水是动物主要营养物质之一，是动物组织中含量最多和最重要的成分之一。动物体内因种类、生长阶段、饲喂方式不同而含水量有所不同。缺水会严重影响动物生长与发育，甚至引起死亡。主要营养功能如下所示。

（1）水是血液、细胞间质和细胞内液的基本物质，是构成细胞原生质的主要成分。动物因某种原因得不到水比不喂饲料存活的时间短得多，当身体失去全部糖原和脂肪以及50%的蛋白质时仍能存活，而失去10%的水分，将导致严重的代谢紊乱，当脱水大约20%时，将会引起大部分动物的死亡。

（2）水在营养物质的消化吸收，体内物质的代谢中起着重要作用，各种代谢产物的运输及排泄都离不开水。由于水有调节渗透压和表面张力的作用，能使细胞膨大、坚实，而维持了动物体的正常形态。

（3）水的比热高，蒸发性强，是重要的体温调节剂。

（4）水还有润滑的作用，能减少器官活动的摩擦。

（5）水能控制 pH 值、渗透压、电解质浓度，维持体内酸碱平衡，提供各种生物化学反应的适宜环境。

三、常用饲料和饲料添加剂

（一）玉米

玉米是养猪所需的最主要的能量饲料。优点：脂肪含量高、淀粉消化率高、热能高。用于仔猪日粮时以细粉碎为宜，用于 20 千克以上中大猪时以粗粉碎为宜。缺点：蛋白质含量低、含水分高、易发热霉变。由于我国的种植习惯，收割或储运时玉米粒可能因鼠啃、虫咬等原因被破碎造成营养成分的降低，甚至产生毒素，收获时，没有经晒干而贮藏的玉米，容易发霉变质，影响饲喂效果，严重时产生玉米赤霉烯酮，可造成母猪假发情现象，严重影响生长。因而猪特别是母猪饲料中应常年添加霉菌吸附剂。

（二）豆粕

豆粕是主要的蛋白质饲料，其蛋白质含量高适口性好，消化率高。作为蛋白饲料原料，其在配合饲料中的含量要根据猪的不同生长阶段和生长要求而定，其含量太高会增加养殖成本和引起动物痛风，太低会引起营养不良。

（三）麸皮

麸皮是由小麦经加工的小部分胚乳、种皮、胚等组成，粗纤维含量高、能量水平低，粗蛋白含量高达 12.5% ~17%，B 族维生素含量高,它除了作为能量和营养的来源外,还能调节营养的浓度。

使用麸皮饲喂猪时,应注意:麸皮霉变、变质,不能饲喂猪群,霉变、变质的麸皮影响消化机能,严重的可造成拉稀影响猪的生长发育。

(四) 添加剂

饲料添加剂是为了平衡配合饲料的全价性,提高其饲喂效果,促进动物生长,减少饲料储存期间营养物质的损失而添加到配合饲料中的各种微量成分。其类型包括氨基酸添加剂、微量元素添加剂、维生素添加剂、酶制剂等。目前,此类添加剂的技术相对成熟,可直接购买使用。

饲料添加剂都有一定的保质期。好的饲料添加剂有很强的稳定性。对于技术不过关的厂家,其稳定性也不可信。选择好添加剂后最好不要经常更换,以免影响生长。

四、生猪饲料配制

(一) 饲粮配合原则及方法

1. 配合原则

配制猪全价饲料时,必须参考猪只各阶段的营养需要或饲养标准。注意日粮的适口性。所选择的饲料应尽量营养丰富而价格低廉,以降低养猪生产成本,提高生产效率。因此,须因地制宜,因时制宜地选用饲料。

饲料配合时必须考虑猪只不同阶段的消化生理特点,选用适宜的饲料,为猪配料时,切忌多用粗料,对生长快、生产性能高的更应注意。保证饲料的质量。要求原料质地良好,未发霉变质,未受农药和其他有毒有害物质的污染。饲料配合或者饲料配方是指每天供应饲料中的营养成分,须与猪只的营养需要量相吻合。具体应考虑猪只的营养需要、饲料成分的营养价值、混合饲料需要的养分浓度、配制最终饲料配方所选择的饲料、每天供给猪日粮的饲料数量。

2. 配合方法

配制日粮时首先应确定猪只的生长阶段，确定该阶段猪的营养需要量；确定使用哪种原料，获得将使用原料的成本和营养含量的报告；进行计算来制定饲料配方。浓缩料和预混料使用的注意事项：微量预混料可以配制成不同效能的产品，效能越低的产品储存时间越长，维生素和矿物质的微量预混料要分别放置，不推荐使用微量预混料，合成的氨基酸可以单独加入大量预混料中，应分别用预混料和浓缩料为各个生长阶段的猪配制饲料。注意采用逐级混匀的方法配制。

3. 度差法配制猪的饲粮

第一步　查阅饲养标准。从饲养标准中查出猪只所需的各项营养指标，如消化能、粗蛋白质、赖氨酸、钙、磷、食盐等。

第二步　确定使用原料，并从饲料营养成分表中查出各种营养成分的含量。

第三步　草拟配方并进行试算调整。

4. 添加剂的配制

按照已配好的饲料配方，查饲料营养成分表，算出矿物质、维生素、氨基酸等成分的含量，再依据饲养标准，算出这些成分的差额部分，实行差多少补多少。添加剂配方形成时，一定要按照每种含量换算成成品。这样配出的饲料才算完整的平衡日粮。选用好的厂家生产的饲料添加剂，最好不要自己配制。

（二）生猪的饲料配合技术

1. 各阶段母猪的饲料配合技术

（1）后备母猪的饲料配合技术。为确保初情期不延迟，在进行初配之前，饲养员不应减少发育阶段饲料中蛋白质的添加量。然而，肥育猪饲料中的蛋白和氨基酸又明显超过了后备母猪达到正常初情期所应需要量。研究表明，含15%粗蛋白和0.7%氨基酸的日粮即可满足需要。后备母猪日粮中应含有较高的钙磷水平。达到最佳生长率的钙磷水平并不一定能够满足最佳骨骼沉积的需要。后备母猪早期生长和发育阶段，饲喂能满足最佳骨骼沉积所需钙磷水平的日粮，能够延长其繁殖寿命。后备母猪日粮的钙磷需要高于后备公猪，至少含0.95%的钙和0.80%的磷。

后备母猪通常在60千克体重时进行选种，选种的母猪应喂营养水平较高的日粮，提供足够水平和质量的蛋白质，以保证有足够的体脂储备。日粮中的矿物质和维生素的水平要比肥育猪的日粮高。选种和配种期间的后备母猪应获得约35兆焦/天的能量。

（2）妊娠母猪的饲料配合技术。饲养妊娠母猪，主要是为了得到健康的、体重较大的仔猪，并为泌乳期打下良好的基础。为此，妊娠母猪的日粮搭配上必须注意以下几个问题。

①母猪日粮应以青粗料为主，特别在妊娠初期和中期。青饲料营养全面，对促进胎儿发育很有好处。饲料要多样化，注意适口性。严禁饲喂霉败变质饲料，以防流产。

②母猪本身和胎儿发育都需要蛋白质，所以，要求饲料中有足够的蛋白质，一般在精料中加入15%～30%的饼类或豆类即可满足蛋白质的需要。

③给以足量的矿物质。首先钙磷要平衡。对确保胎儿的正常发育和预防母猪产后瘫痪有重要作用，在饲料中应补充碳酸钙、蛎粉、蛋壳粉等，再补给骨粉（含磷又含钙），一般每日喂给30～40克即可满足需要。

④在配制日粮时，既要考虑猪的营养需要，保证全价营养，又要有相应的体积，吃了之后有饱腹感，但又不能因体积太大，影响胎儿，压迫胎儿。

（3）哺乳母猪的饲料配合技术。哺乳期母猪的饲料应保证较高的能量和蛋白质水平，注重蛋白质的品质，以便母猪有足够的营养，能够供应充足的乳汁。这个阶段的营养需要量为妊娠期的2~3倍。哺乳期母猪的饲料参考配方为：玉米63%、豆粕18%、麦麸15%、母猪添加剂4%。除产后四五天内要控制喂量，防止消化不良外，以后，应逐步过渡到正常饲喂量，哺乳期每天每头饲喂量为3~3.5千克。

（4）空怀母猪的饲料配合技术。母猪的空怀期主要是指断奶后至下一次怀孕前的一段时间。这个时期的母猪要保持中等肥度的体况，如果太肥，则不利于配种。空怀母猪的饲料参考配方为：玉米61%、豆粕21%、麸皮14%、生长猪添加剂4%。

2. 各阶段育肥猪的生理特点和饲料配合技术

（1）哺乳仔猪。3周龄以前，主要为代乳料或教槽料，动物性饲料型为宜。高质量动物性饲料应当占相当比例，奶产品最好不低于50%~60%比较理想。碳水化合物中，单糖、二糖不低于15%为好。强化维生素的添加，提供适宜的矿物质元素。超早期断奶（2周），奶产品应当在60%左右为宜。最好提供健康免疫因子，如牛初乳、血浆蛋白粉、适宜的健康保护添加剂等。3~4周龄仍以动物性饲料为主型设计，奶产品最好在40%左右，动物性饲料尽量选用，碳水化合物中，单糖、二糖10%左右为好。植物型饲料要结合高质量加工。4~6周龄，动植物性饲料结合型设计较好。奶产品10%~20%比较理想。尽量选用高质量的碳水化合物。动物性饲料应该适当选用，适当利用适口因子。

（2）断奶仔猪。断奶仔猪是整个育肥猪最关键的时期，也是长身体的基础期，这阶段仔猪生理机能不完善，胃酸分泌不足，蛋白酶、淀粉酶形成减少，对植物性饲料消化率降低，容易引起消化不良而发生腹泻。因此，日粮应该采用高能量、高蛋白、低纤维的精料型，维生素、微量元素必须充足。营养水平控制在消化能3 300兆焦/千克、粗蛋白质18%、赖氨酸1.2%、钙0.7%、磷 0.6%、粗纤维小于 4%。

仔猪饲料中最好加入下列物质：0.5%～3%有机酸，可以使防腹泻和助消化的功效更明显。5%～10%乳清粉，提高胃肠道酸度和各种消化酶的活性，从而提高饲料的转化率和生长速度。0.2%～0.3%猪用复合酶制剂，促进饲料营养的消化吸收。3%～5%植物油，提高饲料的能量浓度。用膨化大豆粉或炒熟大豆粉代替豆饼，对仔猪更有益。小规模养殖户可能购买和使用上述原料不方便，建议最好喂一周仔猪颗粒料，然后逐渐过渡到幼猪料。

应控制添加比例的饲料：糠麸不超过 10%。普通大豆饼的添加比例不超过 20%，蛋白质不足部分可以用鱼粉、奶粉、血粉等动物性蛋白饲料补充。

（3）幼猪。这个阶段仔猪骨骼和肌肉的生长快速，而脂肪的增长比较缓慢，胃的容积较小，神经系统和机体对外界环境的抵抗力也正处于逐步完善阶段。因此，除了对蛋白质需要量大外，对钙、磷、维生素和微量元素要求也比较高。营养水平控制在消化能 3 200 兆焦/千克、粗蛋白质 16%、赖氨酸 1.0%、钙 0.6%、磷 0.5%、粗纤维小于 4%。

这一阶段猪的生理机能基本完善，淀粉酶和蛋白酶的分泌日趋正常，完全可以不用添加乳制品及动物蛋白。饲料酵母、杂饼、血粉可以分别添加 3%～5%。糠麸可以加 10%～15%，但不能喂粗糠和脚料。

（4）中猪。中猪以长皮、骨、肉为主，能量摄入量是增重和瘦肉生长关键因素，在营养全价、成本允许的前提下，尽可能采用高能量日粮，以便提高日增重和饲料转化率。为了应对高速生长可能带来的应激，必须适当增加维生素、微量元素、氨基酸的比例，提高适口性、降低日粮的粗纤维含量。营养水平控制在消化能 3 100 兆焦/千克、粗蛋白质 14%、赖氨酸 0.85%、钙 0.60%、磷 0.5%、粗纤维小于 5%。

饲料酵母、杂饼、血粉可以加5%～8%。中猪后期可以加5%粗糠和一定比例煮熟的饭店下脚料。还可以喂5%～10%的优质青绿饲料。

（5）大猪 肥育后期重点满足能量饲料的供给，降低蛋白质饲料的比例。由于能量饲料转化为脂肪的效率高，而蛋白质转化为脂肪的效率又低，所以，不能大量利用豆粕催肥。营养水平控制在消化能3 100兆焦/千克、粗蛋白质13%、赖氨酸0.7%、钙0.5%、磷0.4%、粗纤维小于6%。

一般情况下粗糠可以加15%左右。青饲料10%～15%。鱼粉、鱼油、蚕蛹粉、未经处理的鸡粪不宜添加，否则影响猪的肉质。

3. 种公猪的饲料配合技术

种公猪的饲料配合方法与仔猪、肥育猪等用的配合饲料设计方法基本相同。只是在设计这类配合饲料时，要考虑提高种猪的繁殖能力。另外，种公猪要长期饲养，为了防止种公猪过肥，这类配合饲料的能量不要过高。种公猪配合饲料的设计应注意以下几点。

（1）种公猪对能量的需要。种公猪对能量的要求，在非配种期，可在维持需要的基础上提高20%，配种期可在非配种期的基础上再提高25%。

（2）种公猪对粗蛋白质的需要。种公猪的精液中，干物质含量的变动幅度为3%～10%，蛋白质是精液中干物质的主要成分。日粮中蛋白质的含量及品质，可直接影响到种公猪的射精量和精液品质。因此，必须保证种公猪的蛋白质需要。在我国当前的饲料条件下，种公猪日粮中粗蛋白质大致在17%左右，若日粮中蛋白质品质优良，水平可相应降低。

（3）种公猪对矿物质和维生素的需要。钙、磷对种公猪的生长速度、骨骼钙化、四肢的健壮程度、公猪性欲及爬跨能力有直接的影响。因此，对钙、磷比例不能忽视。矿物质元素锌对精子的生成起重要作用，缺锌可导致间质细胞发育迟缓，降低促黄体生成激素，减少睾丸类固醇的生成。每千克日粮中不得少于 75 毫克锌为宜，其他矿物质元素的需要量与母猪相近。

种公猪对维生素的需要量与母猪比并不高，但是，维生素 E 和维生素 C 对公猪抗应激有重要作用。生物素对公猪繁殖性能、增加蹄的强度，减少蹄、腿的损伤有一定的作用。

总之，在各项管理措施到位、防疫治疗科学及时、环境适宜的前提下，只要科学地配制饲料、合理地使用饲料。就能养好育肥猪，获得较高的经济效益。

（三）饲喂技术

1. 生料湿拌喂猪

根据长期实践和多次实验证明，生料湿拌喂猪饲喂效果比较好。此法可增加猪仔断奶重、肉猪日增重。饲料经过加热，其部分营养成分（尤其是维生素等）遭到破坏，既费钱又费力，增加饲养成本。湿拌料便于采食，浪费较少，减少呼吸道疾病，节省饮水次数。拌料时，用水比例与原料的含水量、吸水性有关，料水比例一般以 1：（0.8～1.2）为宜，即手握不出水、松手即散为佳。

2. 饲喂次数

饲喂次数决定于猪的年龄、饲料性质、生产水平与劳动组织情况，一般由分次到自由采食不等。乳猪实行自由采食，日喂 6～7 次，随着猪的长大，次数由多次逐渐减少，成年猪日喂 2～3 次即可。

3. 饲喂方式

饲喂顺序一般先差后好，先粗后精；饲喂程序要少喂勤添。

4. 饲料更换原则

凡增减喂量、变换饲料种类及引进新饲料，均应按此办法来进行。一般换料第 1 天原料 75%、新料 25%，第 3 天各 50%，第

5 天原料 25%、新 75%，第 7 天全换成新料，不可突然打乱猪的采食习惯。在一般饲养情况下，骤减或突增饲喂量都会引起猪群的应激反应，轻则不安，停食，消化机能紊乱，引起便秘或下痢，重者胃扩张，肠结，甚至死亡。

5. 供给充足的饮水

除了从饲料中获取水外，可采取不同饮水方式，采取自动饮水或水槽人工供水。一般来说，以先喂料后饮水为宜。饮水温度夏季宜凉、冬季水冷很难喂够，而且冷水入腹，需要体热升温，影响猪的生长发育。

五、饲料品质鉴定和保管

饲料质量是保证猪只发挥正常生产性能的关键因素和重要前提，为了节约成本，养殖户可以根据当地的原料及生产规模选择自制配合饲料。由于大宗原料占配合饲料成分的 90% 左右，为了保证饲料的质量，建议饲喂前对饲料加强感官鉴定，确保饲料的良好品质。

（一）感官检验方法

1. 视觉

观察饲料的颜色、粒度及光泽，特定的饲料颜色、粒度及光泽应该是一致的。如颜色变绿、变灰或变黑说明原料发生了霉变；如粒度、光泽有明显差异，则可能饲料原料掺假。

2. 触觉

用手感觉饲料的温度、硬度，判断饲料的水分和掺假情况。手伸入饲料中，如果中心处和外层温度差不明显，说明水分含量较低，反之水分含量高。季节不同，判定标准不一样，冬季饲料袋子中心处的饲料温度较外层热，夏季中心处的饲料温度较外层凉，说明水分含量高。粉状饲料可抓一小把样品，握紧拳头后再慢慢松开，若留有手指压痕，说明其水分含量高。如手反复插入饲料中，有细小的物质不易抖落，可能是饲料原料里面掺假。

3. 味觉

通过牙咬的硬度及咀嚼感觉原料的水分含量和掺杂情况。干的原料咬起来又脆又硬且易碎，湿的则相反；咀嚼时感觉牙碜，说明掺杂有沙子、碎石等。

4. 嗅觉

用鼻子闻饲料的气味。每种饲料原料都具有特定气味，变质后会有霉味、异味或是怪味。如肉骨粉、鱼粉、油脂等含油丰富的饲料原料，由于过期或不正确的贮存会酸败产生哈喇味；动物性蛋白中掺有皮革废弃物、毛发粉或蚕蛹粉会有一种强烈的皮革味或动物脂肪酸败的气味。

（二）饲料的保管

1. 饲料原料的贮存保管

（1）对动物蛋白质类饲料。肉骨粉、鱼粉、骨粉、蚕蛹等动物蛋白质类饲料极易染细菌和生虫，影响其营养价值。这类饲料一般用量不大，采用塑料袋贮存较好。为防止受潮发热霉变，用塑料袋装好后封严，放置在干燥、通风的地方。保存期间要勤检查温度，如有发热现象要及时处理。

（2）油料饼类饲料。油饼类饲料由蛋白质、多种维生素、脂肪等组成，表层无自然保护层，所以，易发霉变质，耐贮性差。这类饼状饲料在堆垛时，首先要平整地面，并铺一层油毡，也可垫20厘米厚的干沙防潮。饼垛应堆成透风花墙式，每块饼相隔20厘米，第二层错开茬，再按第一层摆放的方法堆码，堆码一般不超过20层。刚出厂的饼类水分含量高于5%，堆垛时需堆一层油饼铺垫一层高粱秸或干稻草等，也可每隔一层加一层隔物，这样，既通风又可吸潮。尽量做到即粉碎即使用。

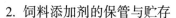

2. 饲料添加剂的保管与贮存

（1）保持低温与干燥。长期保存饲料添加剂，必须在低温和干燥条件下完成。当保存的温度在 15～26℃时，不稳定的营养性饲料添加剂会逐渐失去活性，夏季温度高，损失更大。当温度在 24℃时，贮存的饲料添加剂每月可损失 10%，在 37℃条件下，损失达 20%。干燥条件对保存饲料添加剂也很重要。空气湿度大时，饲料易发霉。由于各种微生物的繁衍，一般饲料添加剂易吸收水分。因而使添加剂表面形成一层水膜，加速添加剂的变性。

（2）贮存期与颗粒大小对饲料添加剂质量的影响。细粒状饲料添加剂稳定性较差，随着贮存时间的延长，可造成较大损失。维生素类的饲料添加剂即使在低温、干燥条件下保存，每月自然损失也在 5%～10%。对任何一种饲料添加剂的贮存，由于高压可引起粒子变形，或经加压后，相邻成分的表面形成微细薄膜，增加暴露面积，因而会加速分解。

（3）饲料添加剂的熔点、溶解度、酸碱度对保管和贮存的影响。熔点低的饲料添加剂，其稳定性较差。熔点在 17～34℃即开始分解。易溶性的饲料添加剂，因含量少在液态下很容易产生分解反应。有些饲料添加剂对酸碱度很敏感，在较潮湿环境里，饲料添加剂的微粒很容易形成一层湿膜，故产生一定的酸度，影响稳定性。

（4）添加抗氧化剂、还原剂、防霉剂、稳定剂。为了避免某些饲料添加剂发生氧化或还原反应，破坏其固有效价，向添加剂饲料中加入适量的抗氧化剂和还原剂是很有必要的。饲料因在潮湿环境下易发生潮解，并在细菌、霉菌等微生物作用下发生霉变，故在饲料中添加适量的防霉剂是十分必要的。不同的稳定剂，对添加剂的影响亦不一样，例如，以胶囊维生素 A 与脂肪维生素 A 比较，当贮存在湿度为 70%、温度为 45℃环境下，12 小时后可以发现鱼肝油维生素 A 效价损失最大，胶囊制剂保持的效价最高。

3. 配合饲料的贮存保管

（1）水分和湿度。配合饲料的水分一般要求在 12% 以下，如果将水分控制在 10% 以下，微生物不易生长；配合饲料的水分大于 12%，或空气中湿度大，配合饲料会返潮，在常温下易生霉。因此，配合饲料在贮藏期间必须保持干燥，包装要用双层袋，内用不透气的塑料袋，外用编织袋包装。贮藏仓库应干燥，通风。通风的方法有自然通风和机械通气。自然通风经济简便，但通风量小，机械通风是用风机鼓风入饲料垛中，效果好，但要消耗能源，仓内堆放，地面要铺垫防潮物，一般在地面上铺一层经过清洁消毒的稻壳、麦麸或秸秆，再在上面铺上草席或竹席，即可堆放配合饲料。

（2）温度。温度对贮藏饲料的影响较大，温度低于 10℃ 时，霉菌生长缓慢，高于 30℃ 则生长迅速，使饲料质量迅速变坏；饲料中高度不饱和脂肪酸在温度高、湿度大的情况下，也容易氧化变质。因此，配合饲料应贮于低温通风处。库房应具有防热性能，防止日光辐射热之透入，仓顶要加刷隔热层；墙壁涂成白色，以减少吸热；仓库周围可种树遮阴，以避日光照射，缩短日晒时间。

（3）虫害和鼠害。在适宜温度下，害虫大量繁殖，消耗饲料和氧气，产生二氧化碳和水，同时放出热量，在害虫集中区域温度可达 45℃，所产生之水气凝集于饲料表层，而使饲料结块，生霉，导致配合饲料严重变质，由于温度过高，也可能导致自燃。鼠类吃饲料，破坏仓房，传染病菌，污染饲料，是危害较大的一类动物。为避免虫害和鼠害，在贮藏饲料前，应彻底清除仓库内壁、夹缝及死角，堵塞墙角漏洞，并进行密封熏蒸处理，以减少虫害和鼠害。

4. 不同品种配合饲料的贮藏保管

（1）全价颗粒饲料。因用蒸汽调质或加水挤压而成，能杀死大部分微生物和害虫，且间隙大，含水量低，糊化淀粉包住维生素，故贮藏性能较好，只要防潮，通风，避光贮藏，短期内不会

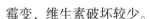

霉变，维生素破坏较少。

（2）浓缩饲料。含蛋白质丰富，含有微量元素和维生素，其导热性差，易吸湿，微生物和害虫容易滋生，维生素也易被光、热、氧等因素破坏失效。浓缩料中应加入防霉剂和抗氧化剂，以增加耐贮藏性。一般贮藏 3～4 周，要及时销出或使用。

（3）全价粉状饲料。表面积大，孔隙度小，导热性差，容易返潮，脂肪和维生素接触空气多，易被氧化和受到光的破坏，因此，此种饲料不宜久存。

5. 霉变饲料处理措施

霉变饲料中含有毒素物质，可导致猪只中毒，同时，在猪只体内的毒素可以通过畜禽产品而危害人类健康。因此，霉变饲料必须进行去毒处理，方可用来喂猪。去毒方法有如下几种。

（1）水洗法。将发霉的饲料粉（如果是饼状饲料，应先粉碎）放在缸里，加开水，水要多加一些，泡开饲料后搅拌，每搅拌 1 次需换水 1 次，如此连洗 5～6 次后，便可用来喂养生猪。

（2）蒸煮法。将发霉饲料粉放入锅里，加水煮沸 30 分钟或蒸 1 小时后，去掉水分，再作饲料用。

（3）发酵法。将发霉饲料粉用适量清水湿润、拌匀，使其含水量达 50%～60%（手捏成团，放手即散），堆成堆让其自然发酵 24 小时，然后加草木灰 2 千克，拌匀中和 2 小时后，装进袋中。用水冲洗，滤去草木灰水，倒出，加 1 倍量糠麸，混合后，在室温 25℃ 下发酵 7 小时，此法去毒效果可达 90% 以上。

（4）药物法。将发霉饲料粉用 0.1% 高锰酸钾水溶液浸泡 10 分钟，然后用清水冲洗 2 次，或在发霉饲料粉中加入 1% 的硫酸亚铁粉末，充分拌匀，在 95～100℃ 下蒸煮 30 分钟，即可去毒。

【思考与练习题】

1. 常见矿物质与维生素的营养作用。

2. 饲料品质的常见鉴定方法。

模块五　母猪和种公猪的饲养管理

【学习目标】

掌握母猪的饲养管理技术细则。

一、后备母猪

商品猪场的基础母猪年更新率为 33% 左右，即每年有 1/3 的种母猪要淘汰，同时，每年增加占基础母猪数 1/3 的后备母猪进入基础母猪群。因此，加强后备猪的选育关系到养猪场的持续发展和生产效益。

1. 后备母猪的选留

后备母猪配种妊娠产仔后，经过产仔、哺育、仔猪发育情况等记录，确认符合要求的才可进入基础母猪群，如果头胎产仔情况不符合转入基础母猪群要求，可检验第 2 胎，第 2 胎符合要求，则进入基础母猪群，不合格母猪作育肥猪处理。

后备母猪的选留标准：后备母猪要选择高产母猪的后代，并且健康状况良好，品种性能优良，四肢健壮，乳头数 6 对以上，排列整齐，发育均匀良好。选拔程序如下：①仔猪 30~40 日龄时，凡符合品种特征，发育良好，乳头多（6 对以上）且排列整齐的仔猪，均可留种。②4 月龄育成母猪中，除有缺陷、发育不良或患病外，健康母猪均可留作种用。③7~8 月龄时，应选体型长、腹部较大而不下垂，后躯较大，乳头发育好的母猪留作种用。④初产母猪中乳房丰满、间隔明显、乳头不沾草屑、排乳时间长，温驯者宜留种。⑤母猪产后掉膘显著，怀孕时复膘迅速，增重快，即母瘦仔壮。在哺乳期间，食欲旺盛、消化吸收好的宜留种。

2. 后备母猪的饲养管理

（1）后备母猪的饲养管理指标。配种时合理体重 125～135 千克；配种时月龄 7～8 月龄，不超过 10 月龄；配种时发情次数 2～3 次；配种时背膘厚度 16～18 毫米。

（2）营养全面平衡。体重在 75 千克左右的后备母猪约 4 月龄，在配种前既要生长又要发育，需要的维生素、微量元素等比育肥猪高得多，不能用肥猪料、妊娠料代替后备专用料。后备母猪日粮应当含有 15% 的粗蛋白质，0.95% 的钙和 0.65% 的磷。应以其膘情确定后备母猪的喂料量：日喂料量为 1.5～3 千克。后备母猪应保持中等略偏上的膘情。正常膘情的后备母猪日喂量为 2.5 千克。过肥和过瘦均会导致不发情或不受孕。

（3）分阶段饲喂。①生长育肥前期的饲养管理（30～60 千克）：采用生长育肥期饲料，自由采食；②生长育肥后期的饲养管理（60～100 千克）：采用后备母猪专用饲料，自由采食，要求日龄达 145～150 天时，体重达 95～100 千克，背膘为 12～14 毫米；③100 千克至配种前的饲养管理：饲喂后备母猪料，根据膘情适当限饲或增加饲喂量；④配种前 10～14 天：后备母猪达到初情并准备配种时，可以使用催情补饲的方法来增加卵巢的排卵数量，从而增加窝产仔数。

（4）诱情事项。后备母猪在 150～160 日龄时进行换圈或合圈，然后每天让它们和 10 月龄以上且性欲旺盛的公猪鼻与鼻相接触，有助于首次发情同步，有利于配种计划的实施和实行催情补饲；在后备母猪配种前至少 3 个星期让它们和公猪接触还有助于减少后备母猪由于害怕公猪而出现的非正常站立反应的发生几率；诱情时把公猪赶到母猪圈内，每圈的母猪数量最好为 6～8 头。诱情前公猪要先喂饱，同时确保母猪圈内地板不能太滑和潮湿、料槽和饮水器不会引起公母猪受伤；诱情公猪和后备母猪接触的时间应为 15 分钟，一天两次，间隔 8～10 个小时，如果同圈内的母猪数量较多，那么和公猪接触的时间需要更长一些。另外在夏天，由于高温而使发情表现不明显，需增加公母猪接触的次数。

（5）发情鉴定。压背出现静立反射；耳朵竖立，目光呆滞；外阴红肿，并有黏性液体流出。

（6）疫苗接种。后备母猪生长发育过程中必须进行必需的疫苗注射和体内外寄生虫病的清除，确保后备母猪健康投入生产，避免疾病的垂直传播。①常规免疫接种疫苗：包括猪瘟、口蹄疫、细小病毒、每年3、4月的乙型脑炎疫苗。②用药净化：净化后备母猪体内的细菌性病原体，预防呼吸道疾病、猪痢疾、回肠炎。③控制寄生虫病：蛔虫、结节虫、绦虫、线虫、鞭虫、肾虫，外寄生虫：螨虫、猪虱等。

（7）疫病控制。调查种猪场有无重要传染病；加强检疫，防止引进重要传染病的隐性感染者；对新引进的种母猪要执行严格的隔离制度，至少45天；观察、采血检验—免疫状态、疾病感染情况。

（8）注意事项。大群饲养有利于早期发情，最好不要单栏饲养；适当的运动有利于尽早发情；体重达标后，每天用试情公猪查情1~2次；第1次发情就必须做好记载，便于确定是否配种；后备母猪最好配3次。

二、妊娠母猪的饲养管理

猪配种后，从精卵结合到胎儿出生，这一过程称为妊娠阶段。母猪的妊娠期一般为112~116天，平均114天。受胎至妊娠80天为妊娠前期。妊娠前期饲养管理的目标是：改善母猪的体况，控制母猪膘情，减少胚胎死亡，促进胎儿发育，防止母猪流产。

1. 早期妊娠诊断

为了缩短母猪的繁殖周期，增加年产仔窝数，需要对配种后

的母猪进行早期妊娠诊断。主要方法如下。

（1）外部观察法。一般来说，母猪配种后，经一个发情周期未再次表现发情症状，基本上认为母猪已妊娠，其外部表现为："疲倦贪睡不想动，性情温驯动作稳，食欲增加上膘快，皮毛发亮紧贴身，尾巴下垂很自然，阴户缩成一条线"。

（2）超声波测定法。利用超声波感应效果测定胎儿心跳数，从而进行早期妊娠诊断。配种后 20～29 天的诊断准确率为 80%，40 天以后的准确率为 100%。

（3）尿中雌激素测定法。母猪配种后 26～30 天，每 100 毫升尿液中含有孕酮 5 微克时，即为阳性反应。这种方法对母猪无任何危害，准确率可达 95%。

（4）诱导发情检查法。在发情结束后第 16～18 天注射 1 毫克己烯雌酚，未孕母猪在 2～3 天内表现发情；孕猪无反应。

（5）阴道活组织检查法。阴道前端黏膜上皮、细胞层数和上皮厚度为妊娠诊断的依据。超过 3 层者为未孕，2～3 层者定为妊娠。注意，使用该方法一定要慎重，如果使用不当会造成流产或繁殖障碍。

2. 胚胎和胎儿的生长发育与死亡

（1）胚胎与胎儿的生长发育。胎儿 2/3 的体重是在怀孕后期的 1/3 时间内生长的。即妊娠的最后一个月是胎儿生长发育的高峰期，故应增加饲料喂量。但注意产前一周减料。在生产实践中，以 80 天（11～12 周）为界分妊娠前期和妊娠后期。

（2）胚胎与胎儿死亡的规律。

第一死亡高峰时期：第 9～13 天内的附植初期，死亡率占胚胎死亡总数的 20%～25%。

第二死亡高峰时期：妊娠后约第 3 周（第 21 天），此期胚胎的死亡占 10%～15%。

第三死亡高峰时期：妊娠第 60～70 天，此期胚胎的死亡占 10%～15%。

（3）胚胎与胎儿死亡的原因。

遗传因素：①染色体畸变；②排卵数与子宫内环境；③近亲繁殖

营养因素：①微量营养成分不足：维生素 A、维生素 D、维生素 E、维生素 C、维生素 B_2、叶酸和矿物质中的钙、磷、铁、锌、铜、锰、碘、硒都是妊娠母猪不可缺少的微量营养成分。②妊娠早期能量水平过高。③缺乏蛋白质。

管理和环境因素：①高温：当外界温度长时间超过 32℃时，母猪受胎率和胚胎成活率显著降低。②分娩时仔猪缺氧窒息。

疾病因素：主要有猪瘟、细小病毒、日本乙型脑炎、伪狂犬病、繁殖与呼吸综合征、肠病毒病、布鲁氏菌病、螺旋体病等。

内分泌不足：孕酮参与控制子宫内环境，如果血浆孕酮水平下降较多，子宫内环境的变化就会与胚胎的发育阶段不相适应。在这种情况下，子宫内环境对胚胎会产生损伤作用。妊娠前期饲养水平过高，会引起血浆中的孕酮水平下降。

其他因素：母猪年龄、公猪精液质量、交配及时与否、近亲繁殖、母猪过度肥胖、长期不运动、饲料中毒或农药中毒等因素，都会影响卵子受精和胚胎存亡。

（4）防止措施。

①做到适时配种，双重、重复配种，避免近亲繁殖和老年公母猪交配。

②搞好环境卫生与消毒，预防接种疫苗，防止传染病的发生。

③创造适宜环境条件：保持安静，谢绝参观，温度 16～22℃，相对湿度 70%～80%。

④防止机械刺激，禁止饲喂霉变有毒的饲料，以免造成死胎流产。

⑤供给营养全价的饲料，前期注重质量，后期要求要有数量。

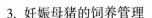

3. 妊娠母猪的饲养管理

在饲养管理上，一般分为妊娠初期（20 天前）、妊娠中期（20 ~ 80 天）和妊娠后期（80 天到临产）。

（1）抓两头顾中间。抓两头：一头是在母猪妊娠初期和配种前后，加强营养；另一头是抓妊娠后期营养，保证胎儿正常发育。顾中间：就是妊娠中期，可适当降低精饲料供给，增加优质青绿饲料。

（2）妊娠母猪的饲喂量。有母猪饲养标准时，可按标准的规定饲喂。在无饲养标准时，可根据妊娠母猪的体重大小，按百分比计算。一般来说，在妊娠前期喂给母猪体重的 1.5% 左右，妊娠后期可喂给母猪体重的 2.0% 左右。

（3）适量运动。妊娠母猪的管理除让母猪吃好、睡好外，在第 1 个月和分娩前 10 天，要减少运动，其他时间每天要活动 2 次，每次 1 ~ 2 小时。圈内保持环境安静，清洁卫生。经常接近母猪，给母猪刷拭，不粗暴对待母猪，不追赶、不鞭打，防止母猪受到挤压、惊吓等，不给母猪洗冷水澡。冬季防寒，夏季防暑，猪舍内通风干燥。

（4）供应优质饲料。不饲喂有毒性的棉籽饼、酸性过大的青贮饲料。分娩前 1 周日粮中加入 1 克维生素 C。注意给妊娠母猪补充足够的钙、磷，最好在日粮中加 1% ~ 2% 的骨粉或磷酸氢钙。群养母猪的猪场，在分娩前要分圈饲养，防止互相争食或爬跨造成流产。

三、哺乳母猪的饲养管理

1. 分娩前的准备

（1）产房的准备。重点做好产房的保温与消毒工作，空栏一周后待产母猪方可进入。产房要求相对干燥（相对湿度 60% ~ 75%）、保温（产房内温度 15 ~ 20℃），阳光充足，空气新鲜。

（2）用具的准备。产前应准备好高锰酸钾、碘酒、干净毛巾、照明用灯，冬季还应准备仔猪保温箱、红外线灯或电加热器等。

（3）母猪的处理。产仔前一周将妊娠母猪赶入产房，上产床前将母猪全身冲洗干净，驱除体内外寄生虫，以保证产床的清洁卫生，减少初生仔猪感染传染性疾病。产前要将猪的腹部、乳房及阴户附近的污物清除干净，用2%~5%来苏尔溶液消毒，然后清洗擦干。

2. 临产征兆，见下表

表　产前表现与产仔时间表

产前表现	距产仔时间
乳房胀大	15 天左右
阴户红肿、尾根两侧下陷（塌胯）	3~5 天
挤出乳汁（乳汁透亮）	1~2 天（从前排乳头开始）
衔草做窝	8~16 小时
乳汁乳白色	6 小时
每分钟呼吸 90 次左右	4 小时左右
躺下、四肢伸直、阵缩间隔时间逐渐缩短	10~90 分钟
阴户流出分泌物	1~20 分钟

3. 接产与助产

母猪分娩持续时间一般为30分钟到6小时，平均约为2.5小时，平均出生间隔为15~20分钟。产仔间隔越长，仔猪就越弱，早期死亡的危险性越大。对于有难产史的母猪，要进行特别护理。

（1）接产。

①临产前让母猪躺下，用0.1%的高锰酸钾水溶液擦洗乳房及外阴部。

②三擦一破：用手指将仔猪的口、鼻的黏液掏出并擦净，再用抹布将全身黏液擦净；撕破胎衣。

③断脐：先将脐带内的血液向仔猪腹部方向挤压，然后在距离腹部4厘米处用细线结扎，而后将外端用手拧断，断处用碘酒消毒，若断脐时流血过多，可用手指捏住断头，直到不出血为止。

（2）助产技术。

①将指甲剪平磨光，先用肥皂洗净手及手臂，再用2%来苏尔或0.1%高锰酸钾水溶液将手及手臂消毒，涂上凡士林或油类润滑剂。

②将手指捏成锥形，顺着产道徐徐伸入，触及胎儿后，根据胎儿进入产道部位，抓住两后肢或头部将小猪拉出；若出现胎儿横位，应将头部推回子宫，捉住两后肢缓缓拉出；若胎儿过大，母猪骨盆狭窄，拉小猪时，一要与母猪努责同步，二要摇动小猪，慢慢拉动。

③助产过程中，动作必须轻缓，注意不可伤及产道、子宫，待胎儿胎盘全部产出后，于产道局部抹上青霉素粉，或肌注青霉素，防止母猪产后感染。

4.产仔异常母猪的处理

超过预产期3～5天，仍无临产症状的母猪，必须进行药物催产：注射氯前列烯醇175微克，或前列腺素2毫升，一般20～30小时后可分娩。

在分娩过程中，若出现母猪虽有努责，但不能顺利产出小猪，或产出1～2头后，间隔时间很长，不再继续产出等情况时，首先应注射催产素或脑垂体后叶素20～40国际单位。半小时后仍未产仔，须进行人工助产。

5.哺乳母猪的管理

（1）掌握饲喂量。严格按饲养标准和营养需要量饲喂哺乳母猪，防止乳汁过浓而造成仔猪下痢。哺乳母猪的饲喂量应根据母猪的膘情和产仔数量确定,在工厂化猪场 28 日龄断奶条件下,产后 10 ~ 20 天,饲喂量应达4.5 ~ 5 千克;产后 20 ~ 28 天应达到 5.5 ~ 6 千克,断奶后应根据膘情适时调整饲喂量。

(2)合理安排饲喂次数。哺乳母猪一般日喂 4 次,时间为每天的 6 时、10 时、14 时和 22 时为宜。最后一餐不可再提前,以保证母猪有饱感,夜间不站立拱草寻食,减少压死、踩死仔猪,有利于母猪泌乳和母、仔安静休息。

(3)增加饮水和提供青饲料,改善营养结构。应保证饮水器出水量及速度。供给充足的清洁饮水,防止母猪便秘。泌乳母猪最好喂生湿料 [料:水 = 1:(0.5 ~ 0.7)],可在饲料中添加经打浆的南瓜、甜菜、胡萝卜等催乳饲料。饲料结构要相对稳定,不要频变、骤变饲料品种,不喂发霉变质和有毒饲料,以免造成母猪乳品质改变而引起仔猪腹泻。

(4)搞好环境卫生。猪舍内要保持温暖、干燥、卫生、空气新鲜,除每天清扫猪栏、冲洗排污道外,还必须坚持每 2 ~ 3 天用对猪无副作用的消毒剂喷雾消毒猪栏和走道。

(5)适当增加运动。在有条件的地方,特别是传统养猪,可让母猪带领仔猪在就近牧场上活动,能提高母猪泌乳量,改善乳品质,促进仔猪发育。

(6)防治乳房炎。及时检查母猪的乳房,对发生乳房炎的母猪应及时采取措施治疗。一旦发生乳房炎,饲养员应用手或湿布按摩母猪乳房,并将乳汁挤出。每天要挤乳 4 ~ 5 次,坚持 3 天,待乳房松弛,皮肤出现皱褶为止。如果乳房变硬,挤出的乳汁呈脓状,还应注射抗生素进行消炎。

四、空怀母猪

1. 促进发情

为提高母猪的繁殖效率,应使母猪尽快发情并参加配种怀胎。可通过提前断奶（21 天或更短）、使用药物、公猪邻圈饲养等方法均可促进空怀母猪发情。

2. 合理控制膘情

正常饲养管理条件下的哺乳母猪，仔猪断奶时应有 7～8 成膘，断奶后 7～10 天才能发情配种。绝不能错误地认为空怀母猪既不妊娠又不带仔，随便喂喂就可以。

3. 做好生产性能记录

认真填写好母猪试情、配种、确定妊娠记录表，每天要对母猪配种记录做整理，填好配种记录。可对配种后 16～23 天的母猪要进行试情观察，以初步确定其妊娠；对超过配种后 30 天以上的进行孕期检查，进一步确定其是否妊娠。

4. 控制采食量

在仔猪断奶前几天，母猪还能分泌相当多的乳汁，为防止断奶引起的乳房炎，在断奶前后 3 天要减少配合饲料喂量，适当补充一些青粗饲料充饥，促使母猪尽快干乳。断奶母猪干乳后，由于负担减轻食欲旺盛，多供给营养丰富的饲料和保证充分休息，可使母猪迅速恢复体力。此时日粮的营养水平和供给量要和妊娠后期相同，如能增喂动物性饲料和优质青绿饲料更好，可促进空怀母猪发情排卵，为提高受胎率和产仔数奠定物质基础。

5. 空怀母猪需要干燥、清洁、温湿度适宜、空气新鲜等环境条件

饲养管理条件差，将影响发情排卵和配种受胎。

6. 控制母猪正常发情的方法

通过公猪诱导、合群并圈、按摩乳房和加强运动等方法促进空怀母猪的尽早发情。如某猪胎产仔数少，可全部寄养到其他处于哺乳期的母猪，来促进该头猪回奶和尽早发情。

五、种公猪

只有对种公猪进行科学的饲养管理，才能保证种公猪提供量优质多的精液，提高配种效率。主要包括如下几个方面。

1. 合理搭配日粮

营养价值高的平衡日粮，合理的饲养制度能够使公猪保持种用体况，保持性欲旺盛，提供高品质精液。但只注重提高营养水平，往往容易使种公猪体内脂肪沉积过多，导致肥胖；相反，营养水平过低，体内脂肪和蛋白质损耗，形成碳和氮的负平衡，公猪则变得过于消瘦。这两种情况均不利于提高配种效率。一般情况下，配种期间，每千克饲料消化能不低于 12.97 兆焦，粗蛋白质以 14% ～ 15% 为宜。体重 200 千克左右的公猪，日耗料量约 2.4 千克，冬季要略有增加。钙、磷比例控制在 1.25：1 左右。同时，饲料中应供给多种矿物质元素和维生素或增加一定量的青饲料。

2. 饲养方式

根据配种任务，分为两种饲养方式。

（1）一贯加强的饲养方式。适用常年的配种的公猪。

（2）配种季节加强的饲养方式。在配种季节开始前一个月逐渐提高营养水平，配种季节保持较高的营养水平，配种季节过后，逐渐降低营养水平。

3. 种公猪日粮

参考配方如下：①配种期：豆粕 16% ～ 20%，玉米 50% ～ 55%，麸皮 15% ～ 20%，草粉 8% ～ 10%，鱼粉 1% ～ 2%，骨粉 1% ～ 1.5%，食盐 0.5%，多维素 0.02%，微量元素 0.5%。②配种间期：豆粕 15% ～ 16%，玉米 50% ～ 55%，麸皮 15% ～ 20%，草粉 10% ～ 15%，骨粉 10% ～ 1.5%，食盐 0.5%，多维素 0.01%，微量元素 0.5%。饲喂应定时定量，每次不宜饲喂过

饱，体积不宜过大，应以精料为主，采用生干料或湿料，适当加喂适量的青绿多汁饲料，供给充足清洁的饮水。食槽内剩水剩料要及时清理更换。

4. 适当加强运动

适度运动可促进代谢，增强公猪体质，提高精子活力，有条件的养殖场，可进行驱赶运动，每天上午、下午各一次，一次1.5~2小时，行程2千米左右，也可自由运动，在建猪舍时设运动场，使公猪在户外进行运动和阳光浴。运动和配种均要在食后半小时进行。

5. 合理安排配种任务

小型早熟猪品种在7~8月龄，体重75千克左右；大中型猪品种在9~10月龄，体重100千克为宜。配种过早会影响公猪的生长发育，缩短利用年限，还会降低与配种母猪的繁殖成绩。配种前要有2周的试情训练，检查两次精液。配种期间，每月要检查两次公猪精液，认真填写检查记录。精液活力在0.8以上，精子密度每毫升2.0亿个以上，才能投入使用。适宜的配种次数2岁以上的成年公猪，一天一次为宜，必要时也可一天两次，每周休息一天，青年公猪为每2~3天配种一次，在本交情况下，公母比1：（20~30）为宜。良好的配种效果应保持全群母猪情期受胎率85%以上，每头母猪年产仔两窝，每窝平均总产仔10头以上。对达不到要求的公猪，要及时淘汰。

6. 做好公猪的日常管理工作

对公猪态度要和蔼，严禁粗暴对待；在配种射精过程中，不得给予任何刺激。每天清扫圈舍两次，猪体刷拭一次，保持圈舍和猪体的清洁卫生；冬季铺垫褥草，夏季要做好防暑降温。

思考与练习题：

1. 哺乳母猪的饲养管理要点。
2. 种公猪的饲养管理要点。

模块六　哺乳仔猪和保育猪的饲养管理

【学习目标】

掌握哺乳仔猪和保育猪的饲养管理技术。

一、哺乳仔猪饲养管理

仔猪是提高猪群质量，降低生产成本的关键，是养猪生产的基础。仔猪阶段是猪的一生中生长最快、发育最强烈、饲料利用率最高、生产成本最低且开发潜力最大的时期。仔猪饲养管理的目标是使每一头仔猪都吃上初乳，设法提高仔猪成活率。仔猪生产的关键是过好三关，即初生关、补料关和断奶关。

（一）哺乳仔猪的饲养

1. 开食补料

（1）开食补料时间。哺乳仔猪生长发育很快，2 周龄以后母乳就不能满足仔猪日益增长的营养需要，若不能及时补饲，弥补母乳营养的不足，就会影响仔猪的正常生长，提早补料还可以锻炼仔猪的消化器官及其功能，促进胃肠发育，防止腹泻，缩短过渡到饲喂育肥猪饲料的适应期，为安全断奶奠定基础。

仔猪开食的时间应在母猪乳汁变化和泌乳量下降的前 3~5 天开始。母猪的泌乳量在分娩后 21 天左右达到高峰而后逐渐下降，而 3~4 周龄时仔猪生长很快，此时仔猪补饲不仅可以提高仔猪存活率、断奶重、增强健康和整齐度，还为以后的肥育打下了良好的基础。仔猪开食诱料越早越好，可以从 7 日龄左右开始，用开食料诱食，经 15 天左右时间的诱食，让仔猪在 3~4 周龄习惯吃料并进入旺食期。

（2）仔猪开食料的选择。仔猪喜食甜食，诱食可选择香甜、清脆、适口性好的饲料，如南瓜、胡萝卜、甜菜等切成小块或将少许切碎的青饲料与开食料拌匀诱食。在仔猪活跃时进行诱食，可取得最佳效果。每次哺乳之后，尤其是每天下午到傍晚是仔猪的活跃期。诱食补料要求饲料新鲜、少量，每天 6 次以上。放在仔猪经常游玩的地方任其自由采食。仔猪喜欢啃舔金属，可把诱食料撒在铁制宽口容器内或放在金属浅盘内诱导仔猪吃料，还可以采用以大带小的方法，利用仔猪模仿和争食的习性诱食。

诱食阶段的仔猪消化吸收饲料蛋白质的能力很弱，因此，15 日龄前仔猪的诱食料蛋白质水平不必太高。但 20 日龄前后经诱食开料，仔猪已能较好地采食饲料，这时一般的诱食料已不能满足仔猪对蛋白质及其他营养物质的需要，从 15 日龄开始就要逐渐向蛋白质水平较高的全价乳猪料过渡。

（3）合理诱食。当母猪泌乳量高，仔猪能吃到足够的母乳而不愿提早采食时，则应强制诱食，将配合饲料加糖水调制成糊状，涂抹于仔猪嘴唇上，让其舔食，仔猪经过 2 ~ 3 天强制诱食后便会自行吃料。也可将母仔分开，让仔猪先吃料后吃奶，每次哺乳后将母猪与仔猪分隔开 1 ~ 2 小时。仔猪吃料具有料少则抢，料多而厌的特性，一定要少喂勤添，早、晚应注意合理补饲。既要保证仔猪充分地自由采食，又要求槽中无余料。

2. 补铁

初生仔猪体内储备的铁只有 50 毫克左右，仔猪生长每天约需要 7 毫克，而每天从母乳中得到的不足 1 毫克，如果不及时补铁会造成仔猪缺铁性贫血，出现食欲减退、消化不良、腹泻等。仔猪在 3 ~ 5 日龄和 10 ~ 15 日龄进行两次补铁（每次 150 毫克），如果腹泻时间较长还需要视情况随时加补。补铁时要注意不同补铁产品的用法用量，不可随意使用。如牲血素 2 ~ 3 日龄用量为 1 毫升，用量过大会抑制肠内其他微量元素如锌、镁的吸收，造成缺锌，不仅会降低仔猪的免疫力，增加仔猪对细菌的易感性，而且会导致硒和维生素 E 的缺乏，同时还会引起仔猪的消化不良。

（二）哺乳仔猪的管理

1. 初生仔猪

（1）接产。在分娩的过程中如果出现难产，往往容易产出死胎。母猪分娩时必须有饲养员在旁照顾，协助母猪生产，避免难产或分娩时间过长而造成死胎的发生。

仔猪分娩出产道后，接产人员应一手托住仔猪，一手将脐带缓缓拉出，立即清除仔猪口、鼻中的黏液，然后用抹布等擦干仔猪全身后放入保温箱。

（2）断脐。在仔猪产下 5 分钟后断脐，断脐不当会使初生仔猪失血过多，影响仔猪以后的生长。正确断脐的方法是用手指将脐带中的血液向仔猪腹部方向挤抹，在距离脐根 3～5 厘米处打结，然后剪断或掐断，并立即用 3% 的碘酊对脐带及周围进行消毒。断脐后应防止仔猪相互舔舐，防止继发感染。仔猪出生后 1 小时内应吃到初乳，要协助初生仔猪吮吸初乳，对弱仔必要时人工辅助固定乳头。

（3）超前免疫。对于需要做超前免疫的猪场，应在仔猪出生后吃初乳前 30 分钟左右注射疫苗，然后再哺乳。

（4）假死急救。在出生过程中遇到难产或胎儿产后护理不及时易引起仔猪的窒息而出现假死现象，假死仔猪不及时抢救就会出现真正死亡。假死仔猪的急救首先要使其呼吸道畅通，要彻底清除口、鼻中的黏液，还应特别注意咽喉部是否有胎粪被吸入而阻塞呼吸道。排出方法是将仔猪倒悬提起，用力拍打背部、挤压仔猪的胸部促使其排出异物。

在确认其呼吸道畅通后，可进行人工呼吸，方法是让仔猪仰卧在软物上，用手将两前肢有节律地张合对仔猪胸部施压；若已发生窒息，可将胶管插入气管，每隔数秒徐徐吹气 1 次，以使其呼吸；最有效的是采用口对口人工呼吸，即根据正常的呼吸节奏接产人员口对仔猪的口吹气，持续至恢复自主呼吸。对于假死时间长或出生时出血过多及弱小的仔猪，可能会低于正常体温，宜将仔猪置于40℃的温水中水浴，帮助其恢复正常体温。并挤取母猪乳汁5~10毫升温热后，间隔30分钟灌服一次，直至自己能吮乳。

（5）剪齿、断尾和编号。仔猪上、下腭两边有8颗尖锐的犬齿，用消过毒的牙剪将每边2颗犬齿剪短1/2。断尾则不能用非常锐利的工具，以免流血过多。断脐、剪齿、断尾必须在生后24小时内完成。编剪耳号则可在出生后3天内进行。耳号编剪应易于辨认。

（6）仔猪护理。对于出生弱小的仔猪更要加强护理，仔猪的存活率随出生体重的增加而提高，仔猪出生时体重低于0.9千克时，一般情况下60%的难以存活，对这些体重低于0.9千克的仔猪给予特殊护理是提高育成率的关键。对于初生仔猪的护理主要是保暖防寒，减少应激，哺喂初乳。

①保温：初生仔猪对寒冷十分敏感，必须做好保温工作，分娩舍内的温度一般应保持在22℃左右，分娩舍内母猪（适宜温度为16~22℃）与仔猪所需的温度是不同的。原则上仔猪出生后保温在30~34℃最好。如遇低温环境，体热迅速丧失，有时体温可下降4~6℃，在暖舍中，2~4小时仔猪可恢复正常体温。仔猪初生的前2周期间调节体温的能力很差，因此，这段时间内环境温度的管理至关重要。仔猪出生1周开始降低保温区温度，每周降低2~3℃最佳。为适应仔猪对温度的要求，应为仔猪设立保温小区，设置仔猪保暖箱，保暖箱底放置电热板，或保暖箱上增设150~250瓦红外线灯泡，可取得很好的保暖效果，此外，使用厚垫草也有一定的保暖作用。仔猪在保暖箱内均匀分散，说明温度适宜；仔猪远离保温区说明温度太高，仔猪堆挤在保温区内则温度太低。

②尽早哺喂初乳，固定乳头：初乳不仅提供营养，还提供母源抗体，抵御疾病。初乳中镁盐较多，可以软化和促进胎便排出。仔猪生后 2 小时内吸收初乳抗体的能力最强，以后吸收能力减弱，所以仔猪开始吸食初乳的时间越早越好，一般应随生随哺。如果实行超前免疫，则必须在免疫后 2 小时内喂乳。仔猪开始吮乳后，便发生乳头定位，仔猪出生 3 ~ 5 天内，应通过人工辅助固定乳头，每隔 1.5 小时左右放奶 1 次。自然定位时，开始时仔猪先争抢前部乳头，然后是后部的，中间乳头留给较弱仔猪。母猪各乳头的泌乳量是以中部偏前者最高，不进行人工辅助，容易发生抢奶。适当进行人为管理和调节，对仔猪生长、提高育成率及窝内均匀度有利。

固定乳头的基本原则是"扶弱控强"。一般把初生重小的仔猪定位于第一或较靠前的乳头上，次小的定位于第二或第五对乳头上，其他仔猪可随机定位。其原则是弱小仔猪固定在容易够得着且泌乳量与其需求量相适应的乳头上，其上部和下部的仔猪强弱相差不是太大。仔猪出生后几天至 2 周时，就可以辨认自己要吮吸的乳头位置，在产后几天每次哺乳时都要关心、辅助调整，直到建立正常的次序。有时定位的乳头被其他仔猪占有，则此猪可能卧在一边停止吃奶，最后变得衰弱而死亡。因此，应格外注意观察护理。

（7）仔猪寄养。为提高仔猪育成率和充分发挥母猪的繁殖潜能，要做好仔猪的寄养。母猪分娩出现意外情况，如难产、泌乳量不足、乳房发炎、产仔头数过多以及仔猪原有乳头被抢夺而掉奶，仔猪因弱小与同窝仔猪相差悬殊而无法固定好乳头的，应进行寄养和并窝。初产母猪以哺乳 8 ~ 10 头为宜，经产母猪可以带仔 10 ~ 14 头。为了充分利用母猪功能正常的乳头或发挥母猪的泌乳能力，必要时应调整每窝仔猪数，将较大仔猪移入尚未建立位序的另一窝猪中。在进行寄养和并窝时，两窝仔猪出生日期不宜超过 3 天，最好在分娩后 2 天进行，仔猪体重也应接近，被寄养的仔猪一定要吃足初乳（生母或养母的均可）以增强其抗病力。被寄养仔猪新定位的乳头应尽可能和原来的相近，易于定位。并窝时间最好是在夜间进行。

由于母猪主要通过嗅觉辨认母仔关系，寄养初期要挡住养母的头部不让其闻嗅出被寄养仔猪的异味。寄养时可挤取养母乳汁涂抹于仔猪身上，也可以将母猪的胎衣、漏膜等涂抹于寄养仔猪身上，或将母猪的尿液涂在寄养仔猪身上，或将两窝仔猪关在一起 1 小时以上，使气味混淆，同时在母猪鼻子和仔猪身上擦些碘酊等，使母猪无法区别寄养仔猪，以防止养母攻击被寄养仔猪。对于生母缺乳的仔猪，寄养初期要控制其吮乳量，以防止一时贪吃而腹泻。

2. 去势

不做种用的小公猪应于 2 周龄左右去势，小母猪在 35 日龄左右阉割为宜，良种小母猪一般不阉割。

3. 断奶

28 日龄左右断奶时，应选择仔猪吃料进入旺食期，减少应激和控制腹泻。对于 4 周龄断奶的仔猪最佳温度为 23℃，猪舍温度为 12～20℃，搞好防寒保暖，为仔猪提供一个温暖、干燥、卫生的环境，可保证仔猪健康生长。

（1）减少应激。应激主要来自于心理、环境和营养 3 个方面。其中最大的应激来自于营养。心理应激主要是由于母仔分离形成的，仔猪失去母猪的爱抚和保护，而且转栏后组群时争夺位次。通过在断奶前 2～3 天每天几次隔离母猪和仔猪一段时间来减少仔猪对母猪的依赖，转栏时在猪栏内投放少许破碎的小红砖块，分散仔猪的注意力，减少争位咬斗，降低应激。

环境应激是由于仔猪由产房进入保育栏时周围环境、温度、伙伴、群体等发生变化引起，为仔猪提供一个清洁、干燥、温暖而舒适的环境，可有效的降低环境应激。营养应激是由于仔猪由吮食温暖、流质、奶香味和营养全面的母乳转向采食饲料，而消化道酶系统和生理环境等不相适应所致。只有通过提早诱食，科学补料，让仔猪提早进入旺食期，减少对母乳的营养依赖才能降低应激。

（2）加强管理。

第一，仔猪在哺乳阶段充分做好补料工作。仔猪在 7 日龄时开始补饲颗粒饲料，颗粒料中一定要加入诱食剂，如香味剂、奶精等，奶味越浓诱食效果越好，仔猪断奶前采食量就大，胃肠功能就会充分得到锻炼和适应，断奶后腹泻率和死亡率就会大大降低，这是早期断奶成败的关键所在。

第二，断奶前 2~3 天做好母猪的减料工作，使母猪产乳量减少，适当的减少母猪的哺乳次数。断奶后不要立即将仔猪转入培育舍，如果条件许可，在原圈舍饲养 2~3 天后再转入培育舍。

第三，做好仔猪培育舍的熏蒸消毒工作，既是杜绝传染病发生的关键，又是减少断奶后腹泻发生的必要条件。

第四，要适当控制仔猪的喂料，第 1 天只喂到日采食量的 70%。一般 5 天内不增加或稍增加饲料量，以防止仔猪拉稀，日喂次数减少至 3~4 次，根据情况，前 3 天还可减少一些，3 天后视情况逐步增加投喂量。此间可模拟仔猪夜间吃奶的习惯，保持 3~7 天的夜间饲喂，以防止仔猪因过度饥饿第二天过度采食导致消化不良而腹泻。投料过程可以通过"三看"来控制。

一看仔猪槽中余料，投喂第二顿时，槽中留有一点饲料粉末，无小堆粉料或粒料现象，则上顿喂量适中；槽中饲料舔光，槽底有唾液湿状感，则上顿喂量太少；槽中有明显余料，下顿只能投入上顿的 1/2 的饲料。

二看仔猪粪便色泽及软硬程度。断奶后 3 天内粪便变细、变黑是正常的。仔猪腹泻大多在第 4~5 天，观察粪便的最佳时间是 12~15 时。粪便变软，色泽正常，投料不减不加；圈舍内少量粪堆，呈黄色，内有饲料细粒，说明个别猪采食过多，投料量应减少至上顿的 80%，下顿再增至原量，仔猪粪便呈糊状，淡灰色，有零星粪便呈黄色，内有饲料细粒，是全窝仔猪腹泻的预兆，应停喂1餐，第二顿也只能投喂常规量的50%，第三顿应视粪便的转归情况而定，若栏内只有少许糊状黄色粪便，其余粪堆变黑、变细，喂料量可增至正常投料量的80%，下顿可恢复正常；若糊状粪便呈胆绿色，粪便内附有脱落的肠黏膜，恶臭，说明病情严重，要停喂2顿，第三顿在槽内撒上少许饲料，以后渐增，经3天后逐步恢复到原量。

三看仔猪动态。喂料前，仔猪蜂拥槽前，可多喂些，过5～6分钟，槽内料已吃干净，仔猪仍在槽前抬头张望，可再加入一些饲料，有些仔猪在喂料前，虽然拥至槽前，但叫声少而弱，则可少加料或不加料。

另外，断奶后仔猪限饲期间，要保证足够饮水，水质清洁，新鲜，最好能喂电解质糖盐水。

断奶早期的仔猪料中还应加入一些代乳粉，同时加入1%柠檬酸或1.5%延胡索酸，也可再加入一些复合酶制剂或酵母。同时，降低日粮中的蛋白质水平，使日粮蛋白质控制在19%～20%，但必须注意其氨基酸的平衡。在调制日粮时尽可能使用熟化豆粕或膨化大豆。

4. 控制腹泻

仔猪腹泻主要发生于3个年龄群，一是生后1～3日龄的仔猪，二是7～14日龄仔猪，三是断奶后仔猪。引起仔猪腹泻的原因多而复杂，大量的病原感染超过乳中的抗体免疫控制力时腹泻就会发生。高标准的卫生条件，适宜的环境、丰富易于吸收的营养，较高抗病免疫力和健壮的体格，加上预防性投药，及时准确的诊断和对症治疗，可保仔猪顺利渡过难关。各阶段常见的腹泻如下。

(1) 1～3日龄。新生仔猪的腹泻主要由大肠杆菌引起，一般为黄痢。当温度低于25℃时，仔猪肠管的蠕动减弱，大肠杆菌感染后在仔猪肠道内产生肠毒素从而使肠道各种消化液的分泌失调而致腹泻。对于大肠杆菌可用抗生素治疗，但易产生抗药性。对腹泻脱水的仔猪应补充电解质，同时加强饲养管理，1 周龄内不冲洗猪栏，保持产栏的卫生、温暖和干燥，对母猪可接种菌苗，尽可能实行全进全出制的分批分娩。

仔猪黄痢，又称早发性大肠杆菌病，临床上以排黄色稀便为主要特征。发生于出生后 1 周以内，以 1~3 日龄最为常见，7 日龄以上的仔猪发病极少。发病率高，死亡率高，传染源主要是带菌母猪，猪场内 1 次流行之后，一般经久不断。最急性的看不到明显症状，常于出生后 10 多小时死亡。2~3 天发病的仔猪，病程稍长，粪便黄色或黄白色块状，严重的呈黄色水样腹泻，有的含有乳凝小块。病仔猪精神沉郁，口渴，不吃奶，迅速消瘦，眼窝下陷，全身衰弱，终因脱水、衰竭而死。

本病应以预防为主，合理调配母猪的饲料，保持良好的环境、卫生条件，注意消毒。接产时用 0.1% 高锰酸钾溶液消毒母猪乳头和乳房，并挤掉每个乳头中乳汁少许，使仔猪尽早吃到初乳，对母猪注射疫苗，可起到较好预防效果。

本病应早发现早治疗，发现 1 头仔猪发病，应对全窝仔猪进行预防性治疗，由于大肠杆菌极易产生耐药性，在进行药物预防或治疗时，最好两种药物同时应用。有条件的猪场应做细菌分离和药敏试验，选用敏感药物。喹噁酮类药物效果较好，微生态制剂（如促菌生、乳康生等），能够调整肠道内菌群平衡，增加肠道有益菌数量，防止条件性致病菌（如大肠杆菌）的滋生，对预防和治疗仔猪黄白痢也有较好的效果。

促菌生应于仔猪吃奶前 2~3 小时饲喂 3 亿个活菌，以后每日 1 次，连喂 3 天，若与药用酵母同时使用，可提高疗效。乳康生于仔猪出生后每天早晚各喂 1 次，每次 0.5 克，连服 2 天，以后每隔 1 周服用 1 次，6 周后停喂。应注意在服用微生态制剂期间，禁止使用抗菌药物。另外，在交巢穴注射 10% 葡萄糖溶液 5~10 毫升，也有较好疗效。

（2）7~14日龄。仔猪白痢是10~30日龄仔猪多发的一种急性肠道传染病，以10~20日龄仔猪发病最多，一年四季均可发生，发病率高，死亡率低。发病仔猪以排灰白色、有腥臭味的糊糊样稀便为特征。病初即下痢，肛门、尾部及周围糊有粪便。粪便呈乳白色、淡黄色或灰白色，其中，常混有黏液而呈糊状，并含有气泡，有特殊的腥臭。病仔猪体温变化不大，病初尚有食欲，但日渐消瘦，精神沉郁，喜卧于垫草中，被毛变得粗乱无光。眼结膜及皮肤苍白，饮欲增加。该病的发生与气候剧变、阴雨潮湿、母猪乳汁过浓或栏舍污秽等诱因有关，一窝仔猪中有1头下痢，若不及时采取措施，就会很快传播。病程的长短和病死率的高低取决于饲养管理的优劣。

加强母猪的饲养管理，保持母猪营养平衡，仔猪提早补料开食，注射铁制剂预防贫血，搞好清洁卫生与环境消毒可有效地预防白痢。治疗仔猪白痢的方法，与黄痢基本相同。对脱水的应及时补液。

球虫引起的腹泻也多见于6~10日龄的哺乳仔猪，感染开始排黄褐色或黄白色至灰色糊状稀便，1~2天后变成水样腹泻，腹泻持续4~8天至严重脱水，临床上很难与仔猪黄痢区别。病猪生长迟缓，发病率高，死亡率低，其发病情况与死亡率高低主要取决于环境因素及是否继发感染。严格的卫生措施是最为有效的控制球虫病的办法。

二、保育猪的饲养管理

（一）保育猪的饲养

保育猪各组织器官还需进一步发育，机能尚需进一步完善，特别是消化器官。断奶后其主要能量来源由谷物淀粉取代了乳汁，可以完全被消化吸收的酪蛋白变成了消化率较低的植物蛋白，同时饲料中还含有一定量的粗纤维，不易被仔猪完全消化。为了使断奶仔猪能尽快地适应断奶后的饲料，减少断奶造成的不良影响，除对哺乳仔猪进行早期强制性补料和断奶前减少母乳（断奶前给母猪减料）的供给，迫使仔猪在断奶前就能进食较多补助饲料外，还要对仔猪进行饲料的过渡和饲喂方法的过渡。饲料的过渡就是仔猪断奶2周之内应保持饲料不变（仍然饲喂哺乳期补助饲料），并添加适量的抗菌素、维生素和氨基酸，以减轻应激反应，2周之后逐渐过渡到吃断奶仔猪饲料。饲喂方法的过渡，仔猪断奶后3~5天最好限量饲喂，平均采食量为160克，5天后实行自由采食。

保育猪栏内最好安装自动饮水器，保证随时供给仔猪清洁饮水。断奶仔猪采食大量干饲料，常会感到口渴，需要饮用较多的水，如供水不足不仅会影响仔猪正常的生长发育，还会因饮用污水造成下痢。

（二）保育猪的管理

1. 分群

幼猪栏多为长方形，长度1.8~2.0米，宽度约1.8米，面积为3.06~3.40米。每栏饲养幼猪8~10头。仔猪断奶后头1~2天很不安定，经常嘶叫寻找母猪，尤其是夜间更甚。为了稳定仔猪不安情绪，减轻应激损失，最好采取不调离原圈、不混群并窝的"原圈培育法"。仔猪到断奶日龄时，将母猪调回空怀母猪舍，仔猪仍留在产房饲养一段时间，待仔猪适应后再转入仔猪舍。

2. 调教管理

新断奶转群的仔猪吃食、卧位、饮水、排泄区尚未形成固定位置，所以，要加强调教训练，使其形成理想的睡卧和排泄区。既可保持栏内卫生，又便于清扫。仔猪培育栏最好是长方形（便于训练分区），在中间走道一端设自动食槽，另一端安自动饮水器，靠近食槽一侧为睡卧区，另一侧为排泄区。训练的方法是：

排泄区的粪便暂不清扫，诱导仔猪来排泄。其他区的粪便及时清除干净。当仔猪活动时对不到指定地点排泄的仔猪用小棍哄赶并加以训斥。当仔猪睡卧时，可定时哄赶到固定区排泄，经过一周的训练，可建立起定点卧睡和排泄的条件反射。

3. 设玩具

刚断奶仔猪因长期吮乳的习惯，常出现咬尾和吮吸耳朵，包皮等现象。当然，也有因饲料营养不全、饲养密度过大、通风不良应激所引起。在改善饲养管理条件的同时为仔猪设立玩具，分散注意力。

4. 预防接种

仔猪 60 日龄注射猪瘟、猪丹毒、猪肺疫和仔猪副伤寒等疫苗，并在转群前驱除仔猪体内外寄生虫。

5. 预防腹泻

断奶仔猪腹泻发生率一般在 20% ~ 30%，死亡率在 2% ~ 4%，有些猪场腹泻率甚至高达 70% ~ 80%，死亡率达到 15% ~ 20%，给养殖场带来巨大的经济损失。断奶仔猪的腹泻一般发生在断奶后 3 ~ 10 天，7 天达到高潮，一般形成粥样或水样腹泻，内夹杂不消化的食物，如不及时发现和治疗，很快就会因脱水而死亡。

其原因主要是：①仔猪断奶后，母源抗体急剧下降，造成机体抵抗力下降。②仔猪消化生理功能不健全，用植物蛋白高的饲料代替乳脂引起胃肠功能紊乱，加之胃肠道 pH 值偏高，消化酶活性不能发挥应有的作用而诱发腹泻。③断奶应激，尤其是环境应激，当舍内昼夜温差超过 10℃ 时，腹泻率就会升高 25% ~ 30%，湿度高的环境也会使腹泻次数明显增加。④不适当的饲喂方式：过度限饲及过度饲喂，形成饥饿性和过食性腹泻。⑤免疫反应，尤其是在喂玉米—豆粕型日粮，且含有较多的抗营养因子的生豆饼或生豆粕时，易造成小肠上皮细胞的迟发型变态反应，引起水泻。⑥胃肠道菌群失调。必须采取综合措施过好仔猪断奶关。

断奶后下痢的治疗，可以应用抗生素，如庆大霉素、氧氟沙星、诺氟沙星等。同时使用收敛药物，如鞣酸蛋白，对严重下痢者还应辅以阿托品。治疗的关键是补水，最经济有效的方法是使用口服补液盐（氯化钾1.5克、碳酸氢钠2.5克、氯化钠3.5克，加冷开水至1 000毫升，添加20克葡萄糖效果更好）让其自饮，不能自饮者，要灌服，也可采用腹腔补液的方法。

【思考与练习题】

1. 哺乳仔猪的管理要点。
2. 保育猪的饲养特点。
3. 如何防治断奶仔猪腹泻？

模块七　生长育肥猪的饲养管理

【学习目标】

掌握生长肥育猪的饲养与管理特点。

一、猪苗和饲料的选择

（一）选好猪苗

1. 体壮强大

初生重和断奶重越大的仔猪，肥育期生长越快，饲料利用率越高。

2. 体型好

肋骨开张，胸深大，管围粗和骨骼粗成正比。这样的猪饲料利用效率高，胸深的猪背膘薄而瘦肉多。

3. 健康无疾患

两眼明亮有神，被毛光滑有光泽，站立平稳，呼吸均匀，反应灵敏，行动灵活，摇头摆尾或尾巴上卷，叫声清亮，鼻镜湿润，随群出入；粪软尿清，排便姿势正常；主动采食。

（二）选择合适饲料

生长肥育猪是猪一生中生长速度最快和耗料量最大的阶段。在养猪生产中，饲料成本占生产成本的 60% ~ 80%，选择合适的饲料能够加快猪只生长速度，提前出栏，大大提升了养殖效益。

1. 能量水平

在蛋白质、氨基酸水平一定的情况下，一定限度内，能量采食越多则增重越快，饲料利用率越高，沉积脂肪越多，胴体瘦肉率越低。

2. 蛋白质和必需氨基酸水平

生长前期（20~55千克）蛋白质和必需氨基酸水平要求达到16%~17%，生长后期（55~90千克）蛋白质和必需氨基酸水平要求达到14%~16%，同时要注意氨基酸含量。当饲料中赖氨酸占粗蛋白质6%~8%时（占风干饲粮0.8%~1%），饲粮蛋白质的生物学价值最高。

3. 矿物质和维生素水平

钙磷比例为1.5:1，食盐0.25%~0.5%。

4. 粗纤维水平

粗纤维水平应控制在6%~8%（建议量：小猪低于4%，肥育期低于8%，成年猪可达10%~12%）。

二、生长育肥猪的饲养管理

（一）育肥方式和饲喂方法

1. 育肥方式

（1）"一条龙"育肥法。也叫"直线育肥法"，按照猪在各个生长发育阶段的特点，采用不同的营养水平和饲喂技术，在整个生长育肥期间能量水平始终较高，且逐阶段上升，蛋白质水平也较高，以这种方式饲养的猪增重快，饲料转化率高，这是现代集约化养猪生产普遍采用的方式。

（2）"吊架子"育肥法。也叫"阶段育肥法"，是在较低营养水平和不良的饲料条件下所采用的一种肉猪肥育方法。将整个过程分为小猪、架子猪和催肥三阶段进行饲养。方法：小猪阶段饲喂较多的精料，饲粮能量和蛋白质水平相对较高。架子猪阶段利用猪骨骼发育较快的特点，让其长成骨架，采用低能量和低蛋白质的饲粮进行限制饲养（吊架子），一般以青粗饲料为主，饲养4~5个月。而催肥阶段则利用肥猪易于沉积脂肪的特点，增大饲粮中精料比例，提高能量和蛋白质的供给水平，快速育肥。这种育肥方式可通过"吊架子"来充分利用当地青粗饲料等自然资源，降低生长肥猪饲养成本，但饲养周期较长，生长效率低，已不适应现代集约化养猪生产的要求。

（3）"前高后低"的饲养方式。在育肥猪体重60千克以前，按"一条龙"饲养方式，采用高能量、高蛋白质饲粮；在育肥猪体重达60千克后，适当降低饲粮能量和蛋白质水平，限制其每天采食的能量总量。

2. 饲喂方法

一般分为自由采食和限量饲喂两种。

限量饲喂又主要有两种方法，一是对营养平衡的日粮在数量上予以控制，即每次饲喂自由采食量的70%~80%，或减少饲喂次数；二是降低日粮的能量浓度，把纤维含量高的粗饲料配合到日粮中去，以限制其对营养成分特别是能量的采食量。

若要得到较高日增重，以自由采食为好；若只追求瘦肉多和脂肪少，则以限量饲喂为好。如果既要求增重快，又要求胴体瘦肉多，则以两种方法结合为好，即在育肥前期采取自由采食，让猪充分生长发育，而在育肥后期（55~60千克后）采取限量饲喂，限制脂肪过多地沉积。

3. 饲养技术

（1）饲料调制。

粉碎粒径要求：30千克以下幼猪的饲料颗粒直径以0.5~1.0毫米为宜，30千克以上猪以1.5~2.5毫米为宜。

饲喂形态：颗粒料优于干粉料，湿喂有利猪采食，湿拌料一般以料水比1:（0.9~1.8）好，但应现拌现喂，避免腐败变酸。

（2）饲喂次数。对生长育肥猪可日喂3次，且早晨、午间、傍晚3次饲喂时的饲料量分别占日粮的35%、25%和40%。

（3）饮水。必须供给育肥猪充足的符合卫生标准的清洁饮水，采用自动饮水器较好；如果饮水不足，会引起食欲减退，采食量减少，使猪的生长速度减慢，严重者引起疾病。猪的饮水量随生理状态、环境温度、体重、饲料性质和采食量等发生变化，一般在春秋季节其正常饮水量应为采食饲料风干重的4倍或体重的16%，夏季约为5倍或体重的23%，冬季则为2～3倍或体重的10%左右。猪饮水一般以安装自动饮水器较好，或在圈内单独设一水槽经常保持充足而清洁的饮水，让猪自由饮用。

（4）应用促生长剂。抗生素添加剂常用的有土霉素、泰乐菌素、利高霉素、杆菌肽锌等，添加剂量为每千克饲粮加20～50毫克。

饲用微生物添加剂　益生素可通过有益微生物形成优势菌群、产酸或竞争营养物质等方式，抑制有害微生物生长繁殖，或通过产生B族维生素、增强机体非特异性免疫功能来预防疾病，从而间接地起到提高生长速度和饲料转化率的作用。

酶制剂　常见的有植酸酶、木聚糖酶、β-葡萄糖酶、纤维素酶、γ-淀粉酶、酸性蛋白酶、甘露聚糖酶等。目前，在酶制剂的应用上还存在效价不稳定和成本高等问题。

（二）合理分群及调教

1. 合理分群
生长育肥猪一般采取群饲方法。分群时，可采取"留弱不留强，拆多不拆少，夜并昼不并"的办法分群，每群头数，应根据猪的年龄、设备、圈养密度和饲喂方式等因素而定。

2. 调教
调教猪只养成在固定地点排便、睡觉、采食的习惯，可以简化日常管理，减轻劳动强度。采食量的估算可根据猪的生长规律，采取前期饱喂、中期不掉架、后期限饲的原则，可参照以下公式：50千克以前，体重×0.045＝饲喂量；50～80千克，体重×0.040＝饲喂量；80千克以上，体重×0.035＝饲喂量。例如：30千克×0.045＝1.35千克。饮水一般采取自动饮水器，饮水器高度设置为：仔猪，10～15厘米；小猪，25～35厘米；中猪，35～45厘米；大猪，45～55厘米。采食、睡觉、排便、饮水的定位，宜抓得早、抓得勤，尤其在进栏后2～3天内，由专人看管，使猪群养成良好的生活习惯。

（三）去势、防疫和驱虫

1. 去势

散养猪多在仔猪35日龄、体重5～7千克时进行去势，集约化猪场大多提倡仔猪7～10日龄左右去势，其优点是易保定操作、应激小，手术时流血少，术后恢复快。

2. 防疫

制定合理的免疫程序，认真做好预防接种工作。对于从市场上购回或来路不明的仔猪，应及时接种疫苗（如猪瘟、猪丹毒、猪肺疫、链球菌等），使用疫苗一定要注意生产厂家、批准文号、生产日期和贮存条件，对质量不能保证的疫苗禁止使用；注意驱虫：驱除蛔虫常用盐酸左旋咪唑，每千克体重猪7.5毫克，或伊维菌素口服等；驱除疥癣可选用阿维菌素或伊维菌素皮下注射。使用驱虫药后，要注意观察，出现副作用要及时解救，驱虫后排出的虫体和粪便要及时清除，以防再度感染。

3. 驱虫

主要有蛔虫、姜片吸虫、疥螨和虱子等，通常在90日龄时进行第一次驱虫，必要时在135日龄左右时再进行第2次驱虫。驱除蛔虫常用驱虫净，每千克体重用20毫克，拌入饲料中一次喂服。驱除疥螨和虱常用敌百虫，配制成1.5%～2.0%的溶液喷洒体表，每天一次，连续3天。近年来，采用1%伊维菌素注射液对猪进行皮下注射，使用剂量为每千克体重400微克，对驱除猪体内、外寄生虫有良好效果。

（四）做好管理和疾病防治

1. 管理制度

对猪群的管理要形成制度化，按规定时间给料、给水、清扫粪便，并观察猪的食欲、精神状态、粪便有无异常，对不正常的猪要及时诊治。要完善统计、记录制度，对猪群周转、出售或发病死亡、称重、饲料消耗、疾病治疗等情况加以记载。

2. 做好常见多发病的防治工作

养猪环境要求清洁干燥、空气新鲜、温湿度适宜。猪舍内每天定时清扫，猪舍内每周应带猪消毒 1 次，消毒剂可选用百毒净或百毒杀等。猪舍地面、墙角和运动场用25% 石灰乳或2% ~3% 烧碱液消毒。或选用正规厂家生产的专用消毒剂。为防止育肥猪群发生肠道感染性疾病，可以在饲料中定期添加安全系数大、毒性低、无药残、作用强、广谱的抗生素，药物可选择土霉素、金霉素等。

（五）适时屠宰

1. 影响屠宰活重的主要因素

（1）生长育肥猪生物学特性的影响。适宜屠宰活重（期）受到日增重、饲料转化率、屠宰率、瘦肉率等生物学因素的制约。

（2）消费者对胴体的要求和销售价格的影响。

（3）生产者经济效益（利润）的影响。考虑饲料、仔猪成本、屠宰率和胴体价格。

（4）肥育类型、品种、经济条件和肥育方式。中小型早熟品种，在饲养条件好或采用"一条龙"育肥法的：70 ~75 千克；晚熟品种或阶段育肥地区的：100 千克；杂交改良品种：90 ~110 千克。

2. 适宜屠宰活重

（1）地方型早熟猪种、矮小的猪及其杂种猪适宜屠宰活重为

70 ~ 75 千克左右。

（2）其他地方猪种及其杂种猪的适宜屠宰活重为 75 ~ 85 千克。

（3）我国培养猪种和以我国地方猪种为母本、国外瘦肉型品种猪为父本的二元杂种猪，适宜屠宰活重为 85 ~ 90 千克。

（4）以两个瘦肉型品种猪为父本的三元杂种猪，适宰活重为 90 ~ 100 千克。

（5）以培育品种猪为母本，两个瘦肉型品种猪为父本的三元杂种猪和瘦肉型品种猪间的杂种后代，适宰活重为 100 ~ 115 千克。

【思考与练习题】

1. 生长肥育猪如何合理分群及调教。
2. 生长肥育猪的常规防疫与驱虫程序。

模块八　猪的健康管理

【学习目标】

1. 掌握如何根据场情制定合理的免疫程序。
2. 熟练掌握常用的猪的投药与注射方法。

一、防疫制度和免疫程序

（一）防疫制度

为了搞好猪场的卫生防疫工作，确保养猪生产的顺利进行，养猪场必须贯彻"预防为主，防治结合，防重于治"的原则，制定《猪场卫生防疫制度》，杜绝疫病的发生。

1. 猪场分区

猪场一般分为养殖区和生活区两大部分：养殖区包括出猪台、化验室、猪舍、沼气池等，生活区包括办公室、食堂、宿舍等。非生活区工作人员及车辆严禁进入生活区，确有需要者必须经场长或主管兽医批准并经严格消毒后，在场内人员陪同下方可进入，只可在指定范围内活动。

2. 生活区防疫制度

（1）生活区大门应设消毒门岗，全场员工及外来人员入场时，均应通过消毒门岗，消毒池每周更换两次消毒液。

（2）每月初对生活区及其环境进行一次大清洁、消毒、灭鼠、灭蝇。

（3）饲养员要在场内宿舍居住，不得随便外出；场内技术人员不得到场外出诊，不得去屠宰场、其他猪场或屠宰户、养猪户场（家）逗留。

（4）新招员工要在生活区隔离二天后方可进入养殖区工作。

（5）任何人不得从场外购买猪、牛、羊肉及其加工制品入场，场内职工及其家属不得在场内饲养禽兽（如猫、狗）。

（6）搞好场内环境绿化工作。

3. 车辆卫生防疫制度

（1）运猪车辆出入隔离舍，出猪台要彻底消毒。

（2）运输饲料进入加工区的车辆要彻底消毒。

（3）上述车辆司机不许离开驾驶室与场内人员接触，随车装卸工要同养殖人员一样更衣换鞋消毒。

4. 购销猪防疫制度

（1）从外地购入种猪，须经过检疫，并在场内隔离饲养观察40天，确认是无病健康猪，经冲洗干净并彻底消毒后方可进入养殖区。

（2）出售猪只时，须经兽医临床检查，健康猪只方可出场，出售猪只能单向流动。

（3）养殖人员出入隔离舍、猪舍，要严格更衣、换鞋、消毒，不得与外人接触。

5. 疫苗保存及使用制度

（1）各种疫苗要按要求进行保存，凡是过期、变质、失效的疫苗一律禁止使用。

（2）免疫接种必须严格按照养殖场制定的《免疫程序》进行。

（3）免疫注射时，严格按操作要求进行。

（4）做好免疫计划，免疫记录。

6. 养殖场每栋猪舍门口，产房各单元门口设消毒池、盆，并定期更换消毒液，保持有效浓度

7. 制定完善的猪舍，猪体消毒制度

8. 杜绝使用发霉变质饲料

9. 对常见病做好药物预防工作

10. 做好员工的卫生防疫培训工作

（二）免疫程序

1. 免疫程序制定要点

要坚持"预防为主"的方针，坚持"防重于治"。严格动物免疫程序，提高家畜免疫力，各养猪场要依据本场的实际情况，按照国家强制免疫的病种（口蹄疫、猪瘟等）制订相应的免疫计划，实施好各养殖场的免疫工作，在春季集中免疫时做好猪口蹄疫、猪瘟等的强制免疫工作。除强制免疫外，根据当地疫病流行情况和实际需要，还应当做好常见多发疾病（如猪肺疫、伪狂犬病等）的免疫。各地可根据实际情况推行免疫程序，确保不发生猪传染病。制订免疫程序要考虑以下几点。

（1）养殖场及周围疫病流行情况。当地生猪疾病的流行情况、危害程度、流行病史、发病特点、多发日龄、流行季节等都是制定和设计免疫程序时首先要综合考虑的因素。

（2）疫苗毒力和类型。每类疫苗免疫以后产生免疫保护所需的时间、免疫保护期、对机体的毒副作用是不同的。一般而言，毒力强毒副作用大，免疫后产生免疫保护需要的时间短而免疫保护期长；毒力弱则相反；灭活苗免疫后产生免疫保护需要的时间最长，但免疫后能获得较整齐的抗体滴度水平。

（3）免疫后产生保护所需时间及保护期。疫苗免疫后因疫苗种类、类型、接种途径、毒力、免疫次数等不同而产生免疫保护所需时间及免疫保护期差异很大；抗体的衰减速度因管理水平、环境的污染差异而不同，盲目过频的免疫或仅免疫一次以及超过免疫保护期长时间不补免都有很大的风险。

（4）免疫干扰和免疫抑制因素。多种疫苗同时免疫，或一种疫苗免疫后由于对免疫器官的损伤从而影响其他疫苗的免疫效果。在没有弄清是否有干扰存在情况下，两种疫苗的免疫时间最好间隔 5~7 天。

（5）母源抗体的水平及干扰。母源抗体在保护机体免受侵害的同时也影响免疫抗体的产生，从而影响免疫效果。

（6）猪群健康和用药情况。在饲养过程中，要根据抗体监测结果和猪群健康状况及用药情况随时对预先制定好的免疫程序进行调整；抗体监测可以查明猪群的免疫状况，指导免疫程序的设计和调整。对发病猪群，不应进行免疫，以免加剧免疫接种后的反应，但发病时则应当紧急免疫接种；有些药物能抑制机体的免疫，所以在免疫前后尽量不要使用抗生素。

（7）饲养管理水平。在不同的饲养管理方式下，疫病发生的情况及免疫程序的实施也有所差异，在先进的饲养管理方式下，猪群一般不易遭受强毒的攻击；在落后的饲养管理水平下，猪群与病原接触的机会较多，同时免疫程序的实施不一定得到彻底落实，此时，对免疫程序的设计就应考虑周全，以使免疫程序更好地发挥作用。

（8）养殖场受疫病威胁程度。不同的养殖场发生的疫病不同，新养殖场免疫一般考虑常见疾病的免疫及当地流行疾病的免疫；老养殖场则应根据本场区实际情况进行免疫，如猪气喘病在老养殖场容易发生，因此，要加强免疫。

（9）免疫方法。设计免疫程序时应考虑合适的免疫途径，正规疫苗生产厂家提供的产品均附有说明书，一般活苗采用饮水、喷雾、刺种及注射免疫，灭活苗则须肌肉或皮下注射。合适的免疫途径可以刺激机体尽快产生免疫力，不合适的免疫途径则可能导致免疫失败。

2. 疫苗使用要求

（1）疫苗仅用于健康猪群；发病猪群禁用疫苗；屠宰前 21 日内禁用灭活苗。

（2）灭活苗（油苗）应在 2~8℃避光贮藏、运输；冬季运输应注意防冻。弱毒活疫苗（猪瘟脾淋苗）应在 -15℃避光贮藏；夏季运输应用带有冰袋的保温箱运输。

（3）疫苗检查。疫苗使用前应仔细检查，详细记录生产企业、疫苗批号和有效期。如发生过期、瓶塞松动、包装破损、破乳分层、有杂物、颜色改变等现象的疫苗不得使用。

（4）疫苗准备。疫苗使用前，应恢复至室温，注射前充分摇匀；疫苗启封后，限当日内用完。灭活苗应在瓶口开封后当日用完，残留的疫苗要报废。冻干疫苗自稀释后 15℃ 以下 4 小时、15～25℃ 2 小时、25℃ 以上 1 小时内用完。

（5）接种器具及针头的要求。接种用器具应无菌，注射器、针头等器具应洗净煮沸 30 分钟后备用；接种时一般用 12 号针头；每接种一次要更换一针头，避免交叉污染。抽取疫苗时，可用一个灭菌针头，插在瓶塞上不拔出、裹以挤干的酒精棉球专供吸药用，吸出的药液不应再回注瓶内，可注入专用空瓶内进行消毒处理。

（6）接种动物要求。不健康的猪群不能使用疫苗，否则易引起死亡并达不到预期的免疫效果。使用疫苗最好在早晨。在使用过程中，应避免阳光照射和高温高热。注射疫苗后要注意观察猪群情况，发现异常应及时处理。

（7）接种部位的选择与消毒。猪耳后部肌内注射，注射部位用碘酊或 75% 酒精严格消毒，待干燥后再注射，以免影响免疫效果。注射器刻度要清晰，不滑杆、不漏液；注射的剂量要准确，深度适当、不漏注；进针要稳，拔针宜速，以确保疫苗真正足量地注射于肌内或皮下。

（8）接种记录。疫苗接种时应做好记录。记录内容包括：猪的品种、日龄、性别，如为母猪还应包括孕期；疫苗的来源、批号、接种时间等。

（9）接种后观察。接种后，应仔细观察猪只反应。个别猪可能出现过敏，重者可注射肾上腺素，并采取辅助治疗措施。接种后少数猪只可能出现一过性的体温升高、减食等反应，一般可在

2 日内自行恢复。

（10）接种结束后，接种器具及所有废弃物应按有关规定进行无害化处理。

（11）防止药物对疫苗接种的干扰和疫苗间的相互干扰，在注射病毒性疫苗的前后 3 天严禁使用抗病毒药物，两种病毒性活疫苗的使用要间隔 7~10 天，减少相互干扰。

3. 免疫接种的注意事项

（1）接种剂量、接种部位、接种方法等都应严格遵循说明书进行。免疫接种要保证有足够的剂量，但不能盲目加大。防疫人员要经过严格培训，免疫操作中严格按照操作规范进行，避免因操作造成接种部位不准、免疫剂量过低等而导致免疫失败。

（2）注射器应洗净、煮沸消毒，针头逐只更换；一只注射器不能同时混用 2 种以上疫苗；吸出的疫苗用不完也不能再放回到瓶中；针头不能太短以免误入皮下脂肪层或因猪骚动变为皮外注射。

（3）用于饮水的疫苗必须是高效价的，饮水器应是干净的塑料容器，必须用冷开水或蒸馏水饮水，水中加入 0.12%~0.5% 脱脂奶粉以延长其活性，免疫前停水，冬天 2~3 小时，夏天 1 小时，疫苗分 2 次饮用。用活疫苗的前 3 天，不能用消毒药水进行喷雾消毒或将消毒药水放入饮水中。

（4）在免疫前后应精心管理，以增强畜禽的体质，减少免疫抑制疾病的发生。有必要的话，可在饲粮中适当添加电解多维，减少免疫应激反应。免疫接种尽量选择在较凉爽的时间进行，接种当天不应换人、换圈、换料、阉割、驱虫等。

4. 生猪的免疫程序

免疫程序要根据本场和该地区疾病流行情况来具体制订。通常采用的免疫程序包括强制免疫和常规免疫两部分。

（1）强制免疫程序。

①口蹄疫免疫程序：

种公猪：每年春秋两季用口蹄疫高效苗各免疫1次，每次肌内注射2毫升。

母猪：每次配种前用口蹄疫高效苗肌内注射2毫升。

商品仔猪：45日龄口蹄疫高效苗肌内注射2毫升。

②猪瘟免疫：

种公猪：每年春秋两季用2头份猪瘟脾淋苗各免疫1次。

母猪：每次产仔猪出窝进行仔猪防疫的同时进行母猪防疫，每次肌内注射2头份猪瘟脾淋苗。

商品仔猪：20日龄至35日龄用2头份猪瘟脾淋苗首免。65日龄再次进行加强免疫1次。

（2）常规性免疫程序。

①猪伪狂犬病：

种公猪：每隔4个月免疫1次，按疫苗说明使用。

母猪：每次配种前免疫1次，按疫苗说明使用。

仔猪：仔猪断奶后免疫，按疫苗说明书使用。

②猪呼吸与繁殖障碍综合征：

商品仔猪：20~30日龄首免，免疫剂量为2毫升，首免1个月后采用相同剂量加强免疫1次。

母猪：后备母猪70日龄前免疫程序同商品猪，以后每次怀孕母猪分娩前1个月进行1次加强免疫，剂量为4毫升。

种公猪：后备公猪70日龄前免疫程序同商品仔猪一样，以后每6个月免疫1次，剂量为4毫升。

③猪乙型脑炎病：

种公猪：必须每年与4月中旬到4月底进行免疫，按疫苗说明使用。

母猪：产前30天进行免疫，按疫苗说明使用。

④猪细小病毒：

种公猪：每6个月免疫1次，按疫苗说明使用。

母猪：在配种前15天免疫1次，按疫苗说明使用。

⑤猪传染性萎缩鼻炎：

种公猪：每6个月免疫1次，按疫苗说明使用。

⑥猪传染性胸膜肺炎：

种公猪：每6个月免疫1次，按疫苗说明使用。

母猪：产前30天进行免疫，按疫苗说明使用。

⑦猪传染性胃肠炎—流行性腹泻：

母猪：产前30天进行免疫，按疫苗说明使用。

仔猪、育肥猪：每年9月进行免疫。

⑧猪丹毒—肺疫：

种公猪：每6个月免疫1次，按疫苗说明使用。

母猪、仔猪断奶时对母猪进行免疫，按疫苗说明使用。

⑨仔猪水肿病：油剂灭活苗在15日龄进行或水剂灭活苗在25日龄进行。

二、预防用药及保健

（一）预防用药的概念及意义

预防用药是对某些动物传染病的易感动物群投服药物，以预防或减少该传染病的发生。这种药物预防的方法为群体给药，即：包括没有症状的动物在内的动物群。预防用药是对无疫（菌）苗、或虽有疫（菌）苗但应用还有问题的动物传染病进行的预防，是现代养殖业预防动物传染病的一项重要措施。

在饲料或饮水中添加化学药物预防猪传染病具有重要意义：一是能够对整个养殖场的传染病进行群防群治，便于宏观调控；二是方便经济，对于细菌性感染性传染病，不需要兽医花很多时间和精力进行注射或内服给药；三是减少应激，降低应激性疾病的发生；四是通过长期连续或定期间断性混饲或混饮用药，能对在养殖场扎根的某些顽固性细菌性传染病进行根治。

（二）药物内服给药剂量与饲料添加给药剂量的换算

内服剂量通常是以每千克体重使用药物重量来表示，饲料添加剂是以单位饲料重量中添加药物的重量来表示。猪只一次内服剂量的多少与猪只的体重成正比关系。饲料添加给药剂量与猪只每日饲料消耗量相关，消耗饲料多，药物在饲料中的比例（浓度）减少，如果每日消耗饲料少，则药物在饲料中的比例增大。举例说明：在生产实践中，如果已知猪口服某种药物的剂量，即可估算出药物在饲料或饮水中的添加剂量。设 D 为猪每千克体重每次内服某种化学治疗药物的重量（毫克），T 为每日内服药物的次数，W 为猪每日每千克体重的饲料消耗量（千克），肥育猪每日饲料消耗量占体重的5%，即每日平均每千克体重的饲料消耗量为 W = 1 千克体重×5%（千克饲料/千克体重）= 0.05 千克饲料，则肥育猪饲料中添加药物的比例（R）为：R = DT/W（毫克/千克饲料）。

仔猪与母猪饲料添加药物量可稍作调整。一般情况下，仔猪的每日饲料消耗量可以其体重的6% ~8% 计算；种母猪以其体重2% ~4% 计算，哺乳期以3% ~5% 计算。

实例1：土霉素治疗猪病的口服剂量为每千克体重15毫克，1天2次，换算成饲料添加剂量为多少？

已知：D = 15 毫克，T = 2 次，W = 0.05 千克饲料

则：土霉素在猪饲料中治疗添加的比例为：R = 15 毫克×2/0.05 千克饲料 = 600 毫克/千克饲料，即每吨猪饲料中添加土霉素600克。

实例2：猪内服恩诺沙星的剂量为每千克体重5毫克，每日2次，换算成混饲给药浓度为多少？

已知：D = 5 毫克，T = 2 次，W = 0.05 千克饲料

则：混饲浓度为 R = 5 × 2/0.05 = 200 毫克/千克饲料，即每吨饲料中添加恩诺沙星200克。

(三) 影响药物作用的因素

药物的作用是药物与机体相互作用过程的综合表现，许多因素都可能干扰或影响这个过程，使药物的效应发生变化。这些因素包括药物方面、动物方面、饲养管理和环境因素。

1. 药物方面的因素

（1）剂量。药物的作用或效应在一定剂量范围内随着剂量的增加而增强，药物的剂量是决定药效的重要因素。临床用药时，除根据兽药典、兽药规范等决定用药剂量外，还要根据药物的理化性质、毒副作用和病情发展的需要适当调整剂量，才能更好地发挥药物的治疗作用。

（2）剂型。传统的剂型如水溶液、散剂、片剂、注射剂等，主要表现为吸收快慢、多少的不同，从而影响药物的生物利用度。

（3）给药方案。给药方案包括给药剂量、途径、时间间隔和疗程。给药途径不同主要影响生物利用度和药效出现的快慢，静脉注射几乎可立即出现药物作用，其后依次为肌内注射、皮下注射和内服给药。

大多数药物治疗疾病时必须重复给药，确定给药的时间间隔主要根据药物的半衰期。有些药物给药一次即可奏效，如解热镇痛药、抗寄生虫药等，但大多数药物必须按规定的剂量和时间间隔连续给予一定的时间，才能达到治疗效果，称为疗程。抗菌药物更要求有充足的疗程才能保证稳定的疗效，并避免产生耐药性，绝不可给药 1～2 次疾病临床明显症状消失就立即停药。例如，抗生素一般要求 2～3 天为一疗程，磺胺药则要求 3～5 天为一疗程。

2. 动物方面的因素

（1）品种差异。猪的品种繁多，对同一药物的药动学和药效学往往有很大的差异。在大多数情况下表现为量的差异，即作用的强弱和维持时间的长短不同。

（2）生理因素。不同年龄、性别、怀孕或哺乳期动物对同一药物的反应往往有一定差异，这与机体器官组织的功能状态，尤其与肝药物代谢酶系统有密切的关系。

（3）病理状态。药物的药理效应一般都是在健康猪试验中观察得到的，猪在病理状态下对药物的反应性存在一定程度的差异。不少药物对患病猪的作用较显著，在病理状态下很快呈现药物的作用。

（4）个体差异。在基本条件相同的情况下，有少数个体对药物特别敏感，称高敏性，另有少数个体则特别不敏感，称耐受性，这种个体之间的差异，在最敏感和最不敏感之间约差 10 倍。

3. 饲养管理和环境因素

药物的作用是通过动物机体来表现的，因此机体的功能状态与药物的作用有密切的关系，饲养方面要注意饲料营养全面，根据猪不同生长时期的需要合理调配日粮的成分，以免出现营养不良或营养过剩。管理方面应考虑猪群体的大小，防止密度过大，房舍的建设要注意通风、采光和活动的空间，要为猪只的健康生长创造较好的条件。

（四）预防用药的注意事项

1. 预防剂量的控制

预防剂量一般为治疗剂量的 1/4 ~ 1/2，在多数情况下，饲料添加药物是作为预防疫病使用，添加的时间较长，所以，必须严格控制药物剂量，以免用药剂量过大造成蓄积中毒。要特别注意的是不能将用于治疗的口服剂量换算成饲料添加量长期预防用药。

2. 配合饲料中原有添加药物的确认

现代配合饲料生产中大多数添加有一定量的化学药物。在使用饲料厂家生产的配合饲料时，若自己添加拟定防治某一疾病的药物品种时，必须十分谨慎，避免同一药物重复添加造成畜禽的药物中毒。

3. 药物与饲料混合

将药物添加到饲料中预防或治疗疾病，药物的量较饲料量低得多，药物浓度通常为 1～500 毫克/千克（饲料）。生产实践中，因药物与饲料混合不均匀造成中毒的事故时有发生，给养殖业造成极大的经济损失。因此，混合时必须严格依照生产工艺执行。通常采用的方法是"等量递升"法，即先取与药物等量的饲料和药物混合，再逐渐加饲料量混合，直至完全、反复混合均匀。对于某些药物原粉，应先将药物与适量的饲料混合制成预混料，然后再与全价料混合。

4. 添加方式

药物可以添加到饲料中，也可以添加到饮水中。添加到饲料中比较适合于疫病的预防，因为猪只在发生疫病时，食欲下降，严重时废绝，此时通过饲料给药，进入到畜禽体内的药量不足，达不到理想的治疗效果。添加到饮水中用药比较适合于疫病的治疗，对猪只的热性传染病，饮水有时略有增加，此时通过饮水添加用药常能达到预期效果。在生理条件下，猪的饮水量约为饲料摄入量的 2 倍，依此推理，饮水中添加药物剂量（比例）应为饲料中添加剂量的 1/2。例如，治疗猪病诺氟沙星添加到每千克饲料中的剂量为 200～400 毫克，则添加到饮水中的剂量应为 100～200 毫克，即 1 000 升饮水添加诺氟沙星 100～200 克。通过饮水添加用药，其药物应是水溶性的制剂，否则，药物会在饮水中沉积下来，造成用药不均匀而引起中毒或治疗无效。

5. 掌握一次给药的化疗药物在饲料中的添加方法

某些化学治疗药物特别是抗寄生虫药物如左旋咪唑、苯丙咪唑类药物（如丙硫咪唑、甲苯咪唑）、伊维菌素类药物在防治疫病时多是一次性内服或注射给药，即按规定剂量使用一次就可以达到防治疫病的效果。混饲给药方法是将药物按照一定的比例添加到饲料中，治疗疫病时添加用药一个疗程（3～7天），预防疫病时则是长时间添加或使用（几周至几个月）。这种长时间混饲添加用药方法要求药物的毒性较小，安全范围大，不易发生蓄积中毒。对于一次给药的抗寄生虫药物混饲添加方法为：首先根据体重计算猪只所需要的药量，然后将药物（一次量）均匀地拌入生猪的日粮中喂给，有时也可将一次量的药物拌入2～3天的日粮中喂给。

6. 注意防止产生耐药性

长期使用化学药物预防，容易产生耐药性菌株，而影响防治效果。因此，必须根据药物敏感试验结果，选用高度敏感的药物。另外，长期使用抗生素等药物进行畜禽疫病的预防，形成的耐药性菌株将会使治疗难度增大，某些人畜共患病病菌一旦感染，将会对人类健康造成危害。同时，使用药物预防必须严格遵守有关法规合理使用。

（五）生猪保健

将安全价廉的保健添加剂，加入饲料或饮水中进行群体防治，既可减少损失，又可达到防制疫病的目的。此类畜禽保健产品主要包括中草药免疫增强剂、新型活性益生菌制剂、新型酶制剂和新型复合微量元素添加剂等。其中，利用生态制剂进行生态预防，是药物预防的一条新途径。此外，利用中草药饲料添加剂，具有药物残留少、副作用少和不易产生耐药性等优点，越来越受重视。根据生猪生长的不同阶段，确定保健的目的，进而选择合适的药物是目前生猪保健的基本思路。

1. 怀孕母猪的保健方案

配种后第10天保健目的是清除肠道、器官内毒素，减少屡配不孕、返情、隐性流产的发生。此时饲料中可添加脱霉净，连用3～5天。也可添加归芪益母散7～10天；配种后第20天主要解除母猪体内病毒对胎儿早期发育的侵扰；防止怀孕早期死胎、木乃伊胎、胎儿发育不良、流产以及由此造成的母猪的生殖系统感染。此时，尤其在夏季时可添加清瘟败毒散 7～10 天。母猪临产前 10 天主要提高母猪免疫力和抵抗力；预防临产母猪便秘和产后母猪无乳、少乳；保证母猪顺利生产。此时添加清瘟败毒散可缓解产前疾病的发生。

2. 后备公母猪、空怀母猪、种公猪的保健

该类猪群的主要保健目的是提高猪只抵抗力和免疫水平，防止疾病发生，尤其是病毒性疾病对猪只的侵害；促进母猪发情，提高母猪的利用率。可通过定期用清瘟败毒散、复合维生素进行保健。

3. 商品猪保健方案

哺乳期保健目的是补充营养，提高机体抵抗力，预防仔猪黄白痢发生，保持正常的生长速度。此时，初生仔猪立即口服庆大霉素能显著降低此类疾病的发生。断奶期保健目的主要是预防仔猪因断奶应激造成的拉稀，降低水肿病、血痢的发生率。此时添加杆菌肽锌可起到防治断奶应激相关的疾病和促进生长的双重作用。保育阶段猪只保健目的重点防控圆环病毒、蓝耳病对保育猪的侵害，使小猪成功渡过保育关，为小猪后期快速的成长奠定基础。此时添加黄芪多糖类药物可增强机体的抵抗力。育肥阶段保健在冬季主要降低喘气病、猪肺疫、副嗜血杆菌、蓝耳病等呼吸系统疾病的发生率，保证猪只顺利出栏。饲料中可添加替米考星进行保健。秋季饲养时主要降低传染性胃肠炎、流行性腹泻、轮状病毒、副伤寒等消化系统疾病的发生率，此时可添加硫酸新霉素进行保健。

三、生猪健康养殖技术

在生猪养殖过程中，制约养猪业健康发展的最重要因素之一是疫病一定程度的流行，不但影响养殖的效益，也对中国猪肉制

品进入国际市场产生不利影响。随着人们生活水平与质量的不断提高，对猪肉卫生和食品安全与质量提出了更高的要求，生猪的健康养殖问题成为人们关注的焦点。因此，树立生猪健康养殖观念，加强对疾病发生规律的认识，实现健康养猪显得尤其重要。面对养猪行业新的发展趋势和不断提高的社会需求，在品种培育、生产和经营等模式上都应有与之相适应的变化，走可持续发展的健康养殖之路是养猪业的必然选择。

所谓健康养殖即是在养猪生产的各个环节采取各种有效措施，达到猪肉产品安全卫生，猪场排泄物达标、不污染周围的水、土和空气，不传播疾病，保持当地生态平衡和猪场的持续发展。全进全出的猪群周转制度、多点生产技术、超早期断奶及SPF猪生产技术，为控制疾病的有效手段，也是健康养殖的重要基础。

（一）多点生产和全进全出

1. 多点生产

在我国规模化养猪发展初期以高密度、高效率作为猪场设计的主流，但随着疫病形势的恶化，其弊端越来越突出。健康养殖多点生产的新工艺已成为规模化猪场的最佳选择，即把一条龙式的工艺分成三点或四点饲养，各区相距一定距离，相对独立、互不交叉，并且实施早期或超早期断奶，各阶段猪群严格地全进全出，配合彻底的清洗消毒，可有效切断病原的传染链。尤其在控制目前危害严重的猪的蓝耳病和呼吸道疾病方面效果明显。

2. 全进全出的饲养管理体系

全进全出的饲养管理技术要求严格实行分阶段、专业化饲养管理，对各阶段疾病的控制与生产水平的提高有重要作用。一是产房母猪与仔猪断奶的全进全出，从计划配种抓起，实行小单元栏舍产仔，前后间隔不超过 3～4 天，28 天左右统一断奶，赶母留仔，原栏过渡饲养5~7天，统一转入保育舍饲养，对退出的空栏进行彻底清洗消毒，空栏5~7天后，再转入下批母猪进行待产。二是保育仔猪的全进全出管理，根据产房小单元产仔规模大小，进行保育舍小单元设计，尽量做到与产房保温等饲养管理条件一致，逐步过渡。转入的仔猪在过渡期内，要加强保温，饲料与饲喂餐数要与产房仔猪管理尽量一致，少喂多餐，勤添勤喂。过渡期后，实行自由采食，优饲培育管理，保育35~40天，头均体重达到15千克左右一次转出到育肥舍饲养。三是育成育肥猪的全进全出管理，对同一猪舍同一批次的猪只尽量做到同时出栏，对猪舍进行全面彻底消毒处理。

（二）分阶段饲养

保证各阶段猪群的营养是健康养猪生产的必需环节之一。猪只生长速度和猪肉品质在一定程度上取决于饲料品质，需要高品质的全价饲料作保证。不同阶段的猪需要的营养不同，恰当的饲料不但能够保证各阶段猪的营养需要，而且能够增强群体抵抗环境应激和疾病的能力。根据猪不同的生长阶段实施分阶段饲养，有利于为生猪提供不同营养配方的饲料及生长环境、切断各种传染病的传播途径，同时依据不同的市场需求采用不同的饲养方式，还能大大提高养猪的综合效益。

猪群分阶段饲养，主要是根据每个阶段猪的生理特点，不同营养需要，制定不同的饲料配方，使日粮中的营养水平尽量满足猪营养需要。在生产实践中将母猪划分为3~4个阶段，即空怀妊娠前期（空怀待配期与妊娠前期）、妊娠后期、哺乳3个阶段。哺乳仔猪划分为2个阶段，即引料和补料期。断奶仔猪划分为2~3个阶段，即断奶过渡期和保育期（保育前期和保育后期）。中大猪划分为2~3个阶段饲养，即生长期、育肥前期、育肥后期。

公母猪分群饲养，阉公猪吃得较多、生长较快、屠体的瘦肉量比母猪少，因此阉公猪与母猪在不同的生长阶段应给予不同成分的营养平衡饲料。通过科学的饲养管理，生猪生长速度和饲料报酬率将得到明显的改善和提高。在环保方面利用营养平衡的饲料将会降低猪粪尿污染环境的影响，特别是"氮、磷"的污染绝对可以减少。

（三）分胎次饲养技术

分胎次饲养技术是一种有效提高生产和增进健康的方法，几个猪场联合共建一个初产猪场或采用集团化公司运作，合理使用，效果很好，是清除猪瘟、蓝耳病、猪气喘病等多种疾病的主要措施之一，同时也为管理第 1 胎母猪提供方便。其技术核心是将不同胎次的母猪分开饲养。根据不同胎次母猪的需求来分配员工、设备和饲料，可更为有效的提高母猪的生产水平和猪场的经济效益。

通过对后备母猪管理、分娩及营养等的专业化措施，可以提高初产母猪生产性能。对成年母猪群由于引入免疫坚强的母猪，稳定了经产母猪的健康水平，经产母猪区有可能清除疾病。而且由于减少了病原传入的危险，同时也提高了经产母猪后代的均一性，可在一定的程度上降低饲养成本。

最好形成初产猪场或经产猪场。初产猪场的后备母猪应为相同种质的种猪。有条件的还可以分离出经产（第 2 胎）和经产（第 3 胎以上的）猪场。

由于初产猪场要求更高的生物安全环境，其场址应坐落在一个隔离区域内。选派最有经验的人员管理初产猪场。繁殖母猪可以从后备母猪生产单元移入初产猪场，待断奶后再进入经产猪场，经产（第 2 胎）猪场的母猪在断奶后进入经产（第 3 胎以上的）猪场，但母猪不能逆向移动。

（四）早期断奶技术

28 日龄早期断奶或 10 ~ 15 日龄超早期断奶技术（隔离早期断奶）。超早期断奶技术可与已获成功的 SPF（无特定疾病或病原）猪生产进行优势互补，以 SPF 猪建立种猪核心群。超早期断奶技术应用到繁殖猪群中效果很好。超早期断奶技术的生产关键点：①隔离：多点饲养。②早期断奶：严格的断奶日龄一经确定，生产中不允许有超过限制断奶天数的仔猪进入培育区。断奶日龄要根据各场的情况而定，每提前一天，对营养和管理的要求就上升一个台阶，最终应以综合效益来评判超早期断奶技术的可行性。③严格的生物安全措施：生物安全是有关集约化生产过程中保护和提高猪群健康水平的理论。生物安全是畜禽管理的策略，通过尽可能减少致病性病原的引入，并从环境中去除病原体，是一个系统的、连续的管理方法，也是最有效、最经济的控制疾病发生和传播的方法。④培育舍内小环境控制：即严格的温度控制、严格的通风设施和清洁卫生的高床系统。⑤优质的日粮：原则是有良好的适口性，且易消化吸收。早期断奶的仔猪前两周的采食与增重，决定了超早期断奶技术后期的健康和生长速度。

（五）建立无特定疾病（或病原）猪群管理技术

SPF 猪（无特定疾病或病原）是指猪群无某几种特定病原微生物疾病和寄生虫性疾病，猪群呈现明显的健康状态。SPF猪是对妊娠末期的健康母猪，通过无菌剖腹产手术获取仔猪，在无菌环境中饲喂超高温消毒牛奶，在此期间，给仔猪接种乳酸杆菌，增强其消化功能，21 天后转入环境适应间饲养 4 ~ 6周，使其产生对环境的适应后转入卫生严格管理的猪场育成，育成初级 SPF 猪，初级 SPF 猪正常配种繁殖生产二级 SPF 猪，只要不感染所控制的疾病，也可称为 SPF 猪。该方法是利用胎盘的屏障作用净化不能通过胎盘垂直感染的各种疾病，从而生产高度健康的猪群。通过严格的消毒、卫生防疫等措施切断外部疾病的传播途径，并对 SPF 猪群定期化验监测，以保持 SPF 猪群稳定的健康状态。

（六）建设猪舍小环境

猪群在不同的生长发育阶段需要有一定的猪舍环境条件与之相适应。通过对猪舍的通风、供暖和降温等措施，根据不同季节，把猪舍的环境温度、湿度和气流等调节到最适合猪群生长发育的状态。小猪对低温反应最为敏感，母猪和大肥猪对高温最敏感。不良的通风会诱发各种呼吸道疾病。干净卫生的高床系统，可有效的降低腹泻性疾病。

猪舍的适宜环境温度依不同的类别而异，产仔舍一般以 20 ~ 29℃为宜，在仔猪活动区局部供热，满足新生仔猪需要的温度为 30 ~ 34℃，随后每日下降 0.5℃左右，7 ~ 11 周龄后的仔猪，舍内温度定为 21 ~ 27℃，育肥猪舍和妊娠母猪舍内温度为 10 ~ 29℃，配种舍13 ~ 29℃。其中，60 千克以前的肉猪，最低温度不能低于 14℃，60 ~ 90 千克的最低不低于 12℃，90 千克以上的最低不低于 10℃。合适的温度环境，对猪生长极其重要，秋冬季节到来时要特别注意温度环境的控制，保证猪的适宜温度，提高饲料利用率。湿度：50% ~ 85%的相对湿度下，猪状态良好，在最适温度以上，湿度显著影响生长率。

（七）常规饲养管理技术

目前，我国养猪技术发展很快，常规饲养管理技术——种公猪的饲养和管理、后备母猪的培育、待配母猪的饲养与管理、妊娠母猪的饲养管理、分娩和哺乳母猪的饲养管理、仔猪生产、保育猪的培育、肥猪生产等已比较成熟，根据猪场实际进行合理应用是提高生产水平的关键。

四、常见疾病诊疗技术

（一）生猪疾病诊断要点

1. 精神状态

健康猪表现为头耳灵活，眼睛明亮，反应迅速，动作敏捷，被毛平顺而有光泽。仔猪则显得活泼好动。病理状态主要表现为抑制或兴奋两种状态。抑制状态一般表现为沉郁，如头低耳耷、眼睛半闭、多卧少立、呼唤不应、对刺激反应冷淡，甚至完全消失。重者可见嗜睡甚至昏迷。兴奋状态轻者表现为左顾右盼，惊恐不安；重则不顾障碍前冲后退，狂躁不安，有时伴有痉挛与癫痫样动作发生。严重时可见攀登饲槽，跳越障碍，甚至表现出攻击行为。

2. 营养、发育

（1）健康育肥猪表现为营养良好，肌肉丰满，皮下脂肪充盈，被毛光泽，躯体圆满而骨骼棱角不显露。发育良好，体躯发育与年龄相称，肌肉结实，体格强壮。生产性能良好，对疾病的抵抗力强。

（2）营养的病理状态有营养不良、营养过剩。发育不良的仔猪多表现躯体矮小，发育程度与年龄不相称；发育迟缓甚者发育停滞。一般可提示营养不良或慢性消耗性疾病（慢性传染病、寄生虫病或长期的消化紊乱）。

3. 被毛的检查

健康仔猪被毛整洁、富有光泽。被毛蓬乱而无光泽常为营养不良的标志，可见于慢性消耗性疾病及长期的消化紊乱；营养物质不足、某些代谢紊乱性疾病时也可见之。局限性脱毛处宜注意皮肤病或外寄生虫病。

4. 皮肤的检查

（1）皮肤苍白是贫血的症状，可将仔猪耳壳透过光线而检查之。可见于各型贫血（如仔猪贫血以及营养不良、下痢、维生素缺乏症、白肌病、蛔虫症等继发性贫血）。皮肤黄疸可见于肝病（如实质性肝炎、中毒性肝营养不良、肝变性及肝硬化）；胆道阻塞（肝片吸虫症、胆道蛔虫病）；溶血性疾病（如新生仔畜溶血病、钩端螺旋体病等）。皮肤发绀（蓝紫色）：轻则以耳尖、鼻盘及四肢末端为明显，重则可遍及全身。可见于严重的呼吸器官疾病（如猪肺疫、气喘病、流行性感冒等）；重度的心力衰竭；多种中毒病，尤以亚硝酸盐中毒为最明显。多种疾病的后期均可见全身皮肤的明显发绀，以致全身皮肤的重度发绀，常为预后不良之指征。皮肤的红色斑点及疹块：皮肤小点状出血，好发于腹侧、股内、颈侧等部位，常为猪瘟的特征；亦可见于猪肺疫及急性副伤寒等。

（2）皮温检查可用手或手背触诊猪躯干、耳根或者股内等部而判定。猪可检查耳及鼻端。全身性皮温增高可见于一切热性病；局限性皮温增高提示局部的发炎。皮温降低是体温过低的标志。可见于衰竭症及营养不良、大失血及重度贫血，严重的脑病及中毒。皮温分布不均而末梢冷厥，乃重度循环障碍的结果。表现为耳鼻发凉，肢梢冷感，可见于心力衰竭及虚脱、休克等。多汗可见于高热性病、中暑与中热（热射病与日射病）。伴有剧烈疼痛性的疾病（如肢、蹄疼痛）及有高度呼吸困难时，也可见汗液分泌的增加。某些中毒病时也可见有多汗现象。在皮温降低、末梢冷厥的同时伴有冷汗淋漓，常为预后不良的标志，可见于虚脱、休克或重度心力衰竭。

（3）皮肤湿疹样病变呈粟粒大小的红色斑疹，弥散性分布，尤多见于被毛稀疏部位，可见于湿疹以及仔猪副伤寒、内中毒或过敏性反应等。丘疹可见于某些饲料中毒、内中毒及慢性消化紊乱等。猪的皮肤有呈大块的红色充血性丘疹，是猪丹毒的特征。猪的皮肤的小水疱性病变，继而溃烂，并呈迅速传播的流行特性，提示口蹄疫或传染性水疱病。前者主要好发于口、鼻及其周围、蹄趾部及乳房部；后者多仅见于蹄趾间。应结合流行病学特点而分析之。如偶蹄兽（牛、羊、猪、骆驼等）均感染，则多为口蹄疫；如仅流行于猪，则常为传染性水疱病的特征。必要时应依特异性诊断法进行鉴别。痘疹是指皮肤出现豆粒大小的疹疱，猪痘好发于鼻盘、头面部，躯干及四肢的被毛稀疏部。发生于仔猪的痘疹，应注意区别仔猪痘样疹。

5. 可视黏膜的检查

（1）正常颜色。猪的可视黏膜湿润，有光泽，粉红色。

（2）病理变化。可表现为潮红、苍白、发绀或黄疸色。潮红是指结合膜下毛细血管充血的征象。单眼的潮红，可能是局部的结合膜炎所致；如双侧均潮红，除可见于眼病外，多标志全身的循环状态。苍白是指结合膜色淡，甚至呈灰白色，是各型贫血的特征。慢性经过的逐渐苍白并有全身营养衰竭的体征，则多为慢性营养不良或消耗性疾病（如衰竭症，慢性传染性病或寄生虫病，仔猪贫血或蛔虫症等）。溶血性贫血（如猪副红细胞体病时），则在苍白的同时常带不同程度的黄染为其特征。发绀（蓝紫色）可见于缺氧（如各型肺炎、胸膜炎）、循环障碍（如心脏衰弱与心力衰竭）及某些毒物中毒、饲料中毒（如亚硝酸盐中毒等）或药物中毒。黄疸可见于肝病（如肝炎）、胆道阻塞或被其周围的肿物压迫及某些中毒等。出血是指结合膜上有点状或斑点状出血，是出血性素质的特征。

6. 体温测定

（1）猪正常体温变化范围。38.0 ~ 39.5℃。

（2）体温的病理变化。体温升高如病畜高温持续不退，日温差很小，在0.5 ~ 1℃，称之稽留热，可见于大叶性肺炎、猪瘟、猪丹毒等；也有的呈弛张热，即体温升高后，日温差较大，在1 ~ 2℃或2℃以上，主要见于小叶性肺炎、化脓性疾病、败血症等。也有病猪在持续数天的发热后，出现无热期，如此以一定间隔期间而反复交替出现发热的现象，称为间歇热，可见于血孢子虫病。体温降低见于老龄，重度营养不良、严重贫血的病畜（如衰竭症、仔猪低血糖症等），也可见于某些脑病（如慢性脑室积水或脑肿瘤）及中毒。

（二）投药法

1. 经口投药法

（1）拌料法。在养猪生产中，经常将药物或添加剂混合到饲料中，以起到促进生长、预防和治疗疾病的功效，此法具有简便易行，适用于群体投服药物等特点，因此成为给猪投药的最常用的方法之一。具体方法见预防用药。

（2）饮水法。将药物溶解于水中，供猪自由饮用。混水给药时要注意：第一，只有易溶于水的药物或难溶于水但经过加温或加助溶剂后可溶的药物才适用。第二，注意混水给药的浓度，浓度过高易引起中毒，浓度过低起不到应有效果。第三，药物要现用现配，配好后要在规定时间内饮完。

（3）灌服法。哺乳仔猪或保育猪灌服少量药液时可用汤匙或注射器。较大的猪若需灌服较大剂量的药液时，可用胃管投入。灌药时，助手抓住猪的两耳将猪头稍微向上抬起使猪的口角与眼角接近水平位置，同时要用腿夹紧猪的背腰部。操作者用左手持木棒塞入猪嘴并将其撬开，右手用汤匙或其他灌药器，从舌侧面靠颊部倒入药液，待其咽下后，再接着灌，直至灌完。

2. 胃管投药法

可选择猪专用的胃管，经口腔插入。首先要将猪站立或侧卧保定，用开口器将口打开，或用特制的中央钻一圆孔的木棒塞入其口中将嘴撑开，然后将胃管沿圆孔向咽部插入。其后操作同牛胃管投药。另外，若给猪投胃管是用于导出胃内容物（如治疗急性胃扩张）或洗胃时，一定要判定胃管是否已从食道进入胃内，才可以继续操作。

3. 灌肠法

常用于猪的大便秘结、排便困难的治疗，临床上采用将温水或药液灌入直肠内的方法，来软化粪便促进排粪。操作时猪采用站立或侧卧保定，并将猪尾拉向一侧。术者一只手提举盛有药液的灌肠器或吊桶，另一只手将连接于灌肠器或吊桶上的胶管在涂布润滑油后缓慢插入直肠内，然后抽压灌肠器或举高吊桶，使药液自行流入直肠内。可根据猪个体的大小确定灌肠所用药液的量，一般每次 200～500 毫升。另外，直肠灌注法也用于直肠炎的治疗。

4. 子宫投药法

多用于猪的阴道炎、子宫颈炎、子宫内膜炎等病的对症治疗，常用药液包括温生理盐水、5%～10% 葡萄糖、0.1% 雷佛奴尔、0.1% 高锰酸钾以及抗生素和磺胺类制剂。

方法：母猪的子宫颈口在发情期间开张，此时是投药的好时机。如果子宫颈封闭，应该先用雌激素制剂，促使子宫颈口松弛，开张后再进行处理。在子宫投药前，应将猪保定好，把所需药液配制好，药液温度以接近猪只体温为佳。可使用阴道开口器，及带回流支管的子宫导管或小动物灌肠器，其末端接以带漏斗的长橡胶管，术者从阴道或者通过直肠把握子宫颈的方向将导管送入子宫内，将药液倒入漏斗内让其自行缓慢流入子宫。当注入药液不顺利时，切不可施加压力，以免刺激子宫使子宫内炎性渗出物扩散。每次注入药液的数量不可过多，并且要等到液体排出后，才能再次注入。每次治疗所用的溶液总量不宜过大，一般为 300～500 毫升，并分次冲洗，直至排出的溶液变为透明为止。以上较大剂量的药液对子宫冲洗之后，可根据情况，往子宫内注入抗菌防腐药液，或者直接投入抗生素。为了防止注入子宫内的药液外流，所用的溶剂（生理盐水或注射用水）数量以 20～40 毫升为宜。子宫内投药的注意事项如下。

（1）严格遵守消毒规则，切忌因操作人员消毒不严而引起的医源性感染。

（2）在操作过程中动作应轻柔，不可粗暴，以免对患畜阴道、子宫造成损伤。

（3）不要应用强刺激性或腐蚀性的药液冲洗，冲洗完后，应尽量排净子宫内残留的洗涤液。

5. 阴道投药法

将患病猪只保定好，通过一端连有漏斗的软胶管，将配好的接近动物体温的消毒或收敛液冲入阴道内，待药液完全排出后，术者再徒手或戴灭菌手套将消毒药剂涂在阴道内，或者是直接在阴道内放入浸有磺胺乳剂的棉塞。

（三）注射法

兽医临床上最常用的注射方法有皮下注射、肌内注射及静脉注射，一些特殊情况下还可以采用皮内、胸腔、腹腔、乳房等部位进行注射。选择用什么方法进行注射，主要根据药物的性质、数量以及病畜的具体情况而定。

注射时需要注射器和注射针头。兽用注射器有玻璃制和金属制者，按其容量分为5、10、20、50、100毫升等规格，针头则根据其内径大小及长短又分不同型号。通常按不同注射方法和药量来选择适宜的注射器和针头，使用前，应严格检查注射器的质量，针头与针管的结合是否严密。所有注射用具（金属及玻璃制者）使用前必须清洗消毒。

抽取药液前应先检查药品的质量，检查注射液有否浑浊、沉淀、变质、过期；同时注入两种以上药液时应注意配伍禁忌。抽完药液后，要排尽注射器内的空气。

1. 皮下注射法

皮下注射法系将药物注射于皮下结缔组织内，经毛细血管、淋巴管的吸收而进入动物血液循环的一种注射方法。皮下注射法适合于各种刺激性较小的注射药液及疫（菌）苗、血清等的注射。

（1）部位。选择皮肤较薄而皮下疏松的部位，猪通常在耳根或股内侧。

（2）方法。猪保定好，局部剪毛、消毒后，术者用左手的拇指与中指捏起皮肤，食指压皱褶的顶点，使其呈陷窝。右手持连接针头的注射器，迅速刺入陷窝处皮下约2厘米。当针头有刺空感，左手按住针头结合部，右手抽动注射器活塞未见回血时，可推动活塞注入药液。如果需要注入的药量较多时，要分点注射。注射完毕，以酒精棉压迫针孔，拔出注射针头，用5%的碘酊消毒。

（3）注意事项。

①刺激性强的药品不能做皮下注射，特别是对局部刺激较强的钙制剂、砷制剂及高渗溶液等，易诱发炎症，甚至组织坏死。

②大量注射补液时，需将药液加温后分点注射。注射后应轻轻按摩或进行温敷，以促进吸收。若需长期注射应经常更换注射部位，轮流交替注射，达到在有限的注射部位吸收最大药量的效果。

2. 肌内注射法

凡肌肉丰满的部位，均可以进行肌内注射。由于肌肉内血管丰富，注入药液吸收迅速，所以，大多数注射用针剂，一些刺激性较强、较难吸收的药剂（如乳剂、油剂等）和许多疫苗均可进行肌内注射。

（1）部位。选择肌肉发达、厚实，并且可以避开大血管及神经干的部位。猪多在颈侧、臀部。

（2）方法。可直接手持连有针头的注射器将针头垂直皮肤迅速刺入肌肉2~3厘米。左手固定针头，右手持注射器与针头连接并回抽活塞，以检查有无回血即可进行注射。注射完毕，迅速拔出针头，涂布5%碘酊消毒。

（3）注意事项。

①针体刺入时，切勿把针梗全部刺入，一般只刺入 2/3，以防针梗从根部衔接处折断。

②强刺激性药物如水合氯醛、钙制剂、浓盐水等，不能肌内注射。

③长期进行肌内注射时，注射部位应交替更换，以减少硬结的发生。

④同时注射两种以上药液时，要注意药物的配伍禁忌，必要时在不同部位注射。

⑤根据药液的剂量、黏稠度和刺激性的强弱，选择适当的注射器和针头。

⑥避免在瘢痕、硬结、发炎、皮肤病及有针眼的部位注射。

3. 静脉注射

常采用耳静脉或前腔静脉进行注射。

耳静脉注射法。

（1）部位。猪耳背侧静脉。

（2）方法。将猪站立或侧卧保定，耳静脉局部消毒。助手用手指按压耳根部静脉管处或用胶带在耳根部扎紧，使静脉血回流受阻，静脉管充盈、怒张。术者用左手把持猪耳，将其托平并使注射部位稍有隆起，右手持连接针头的注射器，沿静脉管方向使针头与皮肤呈 30°~45°角，刺入皮肤和血管内，轻轻回抽活塞如可见回血即为已刺入血管，然后将针管放平并沿血管稍向前刺入。此时，可以撤去压迫脉管的手指或解除结扎的胶带。术者用左手拇指压住注射针头，右手徐徐推进药液，直至药液注完。如果大量输液时，可用输液器、输液瓶替代注射器。操作方法相同。注药完毕，左手拿酒精棉紧压针孔，迅速拔出针头。为了防止血肿，继续紧压局部片刻，最后涂布 5% 的碘酊。

前腔静脉注射法。

（1）部位。前腔静脉为左、右两侧的颈静脉与腋静脉至第一对肋骨间的胸腔入口处于气管腹侧面汇合而成。注射部位在第一肋骨与胸骨柄结合处的正前方，多于右侧进行注射，针头刺入方向呈近似垂直并稍向中央及胸腔方向，刺入深度依据猪体大小而定，一般为 2～6 厘米。用于大量输液或采血。

（2）方法。对猪采取站立保定或侧卧保定。站立保定时，在右侧耳根至胸骨柄的连线上，距胸骨端 1～3 厘米处刺入针头，进针时稍微斜向中央并刺向第 1 肋骨间胸腔入口处，边刺边回抽活塞观察是否有回血，如果见到有回血即表明针头已刺入前腔静脉，可注入药液。猪取仰卧保定时，固定好其前肢及头部。局部消毒后，术者持连有针头的注射器，由右侧沿第 1 肋骨与胸骨结合部前侧方的凹陷处刺入，并且稍微斜刺向中央及胸腔方向，一边刺入一边回抽，当见到回血后即表明针头已刺入，即可徐徐注入药液。注射完毕后拔出针头，局部消毒。

（3）注意事项。

①要严格遵守无菌操作规程，对所有注射用具、注射部位都要严格消毒。

②确实保定，看准静脉并明确注射部位后再扎入针头，避免多次扎针而引起血肿。

③注入药液前应该排净注射器或输液胶管中的气泡，严防将气泡注入静脉。

④对所要注射的药品质量应严格检查，是否有杂质、沉淀等，不合格的药品一律禁止使用。不同药液混合使用时要注意配伍禁忌。对组织刺激性强的药液要严防漏于血管外，油类制剂禁止进行静脉注射。

⑤补液时，速度不宜过快，以 30～60 毫升/分钟为宜。药液温度应接近猪体温。

⑥静脉注射过程中，要随时注意观察猪只的表现，若有不安、出汗、呼吸困难、肌肉战栗等症状时，应该立即停止注射，待查明原因后再行处置。要随时观察药液的注入情况，一旦出现

液体输入突然过慢或停止，或者注射局部明显肿胀时。应该立即检查，进行调整，直至恢复正常。

（4）药液外漏的处理。

静脉内注射时，常由于未刺入血管或刺入后，因病猪骚动而针头移位脱出血管外，致使药液漏于皮下。故当发现药液外漏时，应立即停止注射，根据不同的药液采取下列措施处理。

①立即用注射器抽出外漏的药液。如系高渗盐溶液，则应向肿胀局部及其周围注入适量的灭菌注射用水，以稀释之。

②如系刺激性强或有腐蚀性的药液，则应向其周围组织内注入生理盐水。

③局部可用5%～10%硫酸镁进行温敷，以缓解疼痛。

④如系大量药液外漏，应做早期切开，并用高渗硫酸镁溶液引流。

4. 胸腔注射法

（1）部位。左侧第6肋间，右侧第5肋间。

（2）方法。术者左手将术部皮肤稍向前方拉动1～2厘米，以便使刺入胸膜腔的针孔与皮肤上针孔错开，右手持连接针头的注射器，在靠近肋骨前缘处垂直皮肤刺入（深度约3～5厘米）。针头通过肋间肌时有一定阻力，进入胸膜腔时阻力消失，有空虚感。注入药液（或吸取胸腔积液）后，拔出针头，使局部皮肤复位，术部消毒。

（3）注意事项。

①刺针时，针头应该靠近肋骨前缘刺入，以免刺伤肋间血管或神经。

②刺入胸腔后，应该立即闭合好针头胶管，以防止空气窜入胸腔而形成气胸。

③必须在确定针头刺入胸腔内后，才可以注入药液。

④胸腔内注射或穿刺时避免伤及心脏和肺脏。

5. 腹腔注射法

（1）部位。在耻骨前缘前方3～5厘米处的腹中线旁。

（2）方法。体重较轻的猪可提举两后腿倒立保定，体重较大的猪需采用横卧保定。注射局部剪毛、消毒。术者左手把握猪的腹侧壁，右手持连接针头的注射器或输液管垂直刺入2～3厘米，使针头穿透腹壁，有突然落空感时即刺入腹腔内。然后左手固定针头，右手推动注射器注入药液或输液。注射完毕，拔出针头，术部消毒处理。

五、传染病防治

传染病发生迅速，危害大，后果严重。疫情发生时应及时采取应急处理措施，以减少损失。其主要应急措施如下。

（1）立即禁止无关人员及车辆进出，确实需要进出场地时，务必按照相关规定进行消毒处理，且不能再进入其他场所，尽量将疫点或者疫区控制在最小范围。

（2）按照"早、快、严、小"的总原则扑灭疫情。

（3）实行全群人员戒严，对场地和圈舍严格消毒处理，切断传播途径。进入场门口长期保持10%的烧碱溶液，猪场内用高效消毒剂消毒，如碘制剂等，春夏季节每天1～2次，冬春季节2～3天消毒一次。

（4）利用典型临床症状和实验室诊断尽快查明病原，按疑似疫病的病原进行紧急预防接种，免疫时应以疫点为中心从外向内预防接种。采取综合措施，提高猪的抵抗力，减少易感性。

（5）隔离病猪，扑杀病猪，消灭传染源。对于没有治疗价值的病猪应及时淘汰处理。病死畜及用具严格处理。焚烧或者深埋于1.5米以下的规定处理场所。

（一）猪瘟

猪瘟是一种急性、热性、高度接触性的病毒性传染病。其特征为发病急，高热稽留和细小血管壁变性，引起的全身广泛性小点出血，脾坏死。急性猪瘟由强毒引起，发病率和死亡率高；而弱毒感染不表现临床症状而不被发现。目前，猪瘟的表现形式有急性、亚急性、慢性、非典型性或不明显型，给诊断带来很大的困难。

【病原】

猪瘟病毒为单股 RNA 型，只有 1 个血清型，不同病毒株的毒力不同。

猪瘟病毒对外界环境有一定抵抗力。在 60～70℃ 条件下加热 1 小时才可以被杀死。

常用消毒药：2% 氢氧化钠、5%～10% 漂白粉、3% 来苏尔。

【流行病学】

传染源：病猪、猪肉产品及污染的饲料、饮水等。

感染途径：水平传播（消化道和呼吸道）；垂直传播（妊娠母猪带毒）。

主要侵入门户：扁桃体。

蚊、蝇做为媒介可引起本病的传播。

发病不分年龄、品种、性别、季节，均易发病死亡。

一年四季流行，发病率和死亡率均很高，危害极大。

【临床症状】

最急性型：多发于新疫区或未经免疫的猪群。发病突然，高热达 41℃，可视黏膜和皮肤有针尖大密集出血点，病程 1～3 天，死亡率达 100%。

急性型：精神沉郁，减食，嗜睡。体温 41℃ 以上，稽留热。眼结膜初期潮红，后期苍白，脓性结膜炎。初便秘后腹泻，排出粪便如"算盘珠"状，附有带血的黏液或黏膜。皮肤有出血点或出血斑，公猪包皮积尿，排尿时尿液异臭浑浊。

亚急性型：病程长，可达 21 ～ 30 天。症状与急性型相似，皮肤有明显的出血点，扁桃体肿胀溃疡，病猪行走后躯无力，站立困难，以死亡转归。

慢性型：病程长达 1 个月以上，体温时高时低，病猪食欲不佳，精神沉郁，消瘦，贫血。便秘与腹泻交替，皮肤有陈旧性出血斑或坏死痂，注射退热药和抗菌药后，食欲好转，停药后又不食。

温和型：由低毒力的猪瘟病毒引起，病情发展慢，发病率和病死率均低。体温升高达 40℃。皮肤常有出血点，但腹下多见淤血和坏死。成年猪都能耐过，仔猪死亡，妊娠母猪流产、木乃伊胎、死胎、弱胎（几天内忽然死亡）。

【病理变化】

最急性型：浆膜、黏膜和肾脏中仅有极少数的点状出血，淋巴结轻度肿胀、潮红或出血。

急性型：也称败血型猪瘟。

耳根、颈、腹、腹股沟部、四肢内侧的皮肤有出血点或出血斑。

淋巴结肿胀、出血，外观颜色从深红色到紫红色，切面呈红白相间的大理石样，特别是颌下、咽背、腹股沟、支气管、肠系膜等处的淋巴结较明显。

脾脏不肿胀，边缘常可见到紫黑色突起（出血性梗死）。

肾脏色较淡呈土黄色，表面点状出血，宛如麻雀蛋模样，俗称"雀斑肾"。切面肾皮质和髓质均只有点状和线状出血，肾乳头、肾盂常见有严重出血。

胃底部黏膜可见出血溃疡灶，肠系膜淋巴结肿大出血，呈条索状。

喉和会厌软骨黏膜常有出血点，扁桃体常见有出血或坏死。

胸腔液增量，呈淡黄红色。心包积液、心外膜、冠状沟和两侧沟及心内膜均见有出血斑点，数量和分布不均。

亚急性型：淋巴结、肾和脾，与急性病变相同。在耳根、股内侧有出血性坏死样病灶。断奶仔猪的胸壁肋骨和肋软骨结合处的骨合线明显增宽。

慢性型：主要特征性病变为回盲口的"纽扣状"溃疡。断奶仔猪肋骨末端与软骨交界部位发生钙化，呈黄色骨化线。

【诊断】

多剖检几例，综合多数病猪剖检结果，做出初诊，确诊要进行实验室综合诊断。

实验室检验有血液学检查、细菌学检查、病毒学诊断、免疫酶联吸附试验、猪接种试验、免疫荧光试验、间接血凝试验。

【防治】

无有效治疗方法，可用抗猪瘟血清肌内、皮下或静脉注射治疗，剂量为 1 毫升/千克体重。

预防采取以疫苗免疫为主的综合防治措施。提倡自繁自养，加强饲养管理和卫生工作，定期消毒，制定科学的免疫程序。

紧急免疫：发现可疑猪瘟病猪时，应立即隔离并大剂量肌注猪瘟活疫苗（参考剂量 4～15 头份/头）可控制疫情发展。

定期检查母猪的猪瘟强毒抗体、弱毒抗体效价、猪群弱毒抗体效价。

（二）猪肺疫

猪肺疫是由多种杀伤性巴氏杆菌所引起的一种急性传染病（猪巴氏杆菌病），俗称"锁喉风"。急性或慢性经过，急性呈败血症变化，咽喉部肿胀，高度呼吸困难。

【病原】

多杀性巴氏杆菌，革兰氏染色为阴性。

需氧及兼性厌氧菌，可在普通培养基上生长，血琼脂培养基上生长良好。

对外界环境的抵抗力不强，阳光下直射经 10～15 分钟死亡。一般常用的消毒药，都可在数分钟杀死本菌。

【流行病学】

易感动物：主要发生于中、小猪，成年猪患病较少。

传染源：病猪是主要的传染源。被细菌污染的饲料、饮水和器具也可传染该疫病。

传染途径：主要经过消化道和呼吸道。皮肤、损伤的黏膜和吸血昆虫叮咬也是重要的感染途径。在外界不良因素降低了动物的抵抗力时还可遭受内源性感染。

流行特点：一年四季都有发生，但以秋末春初及气候骤变时发病较多。饲养管理不当、环境突然变换及长途运输等，可诱发本病。一般呈散发，有时可呈地方流行性。

【症状】

最急性型：部分无明显临诊症状，突然死亡。较典型的症状是急性咽喉炎，颈下咽喉部急剧肿大，紫红色，触诊坚硬而热痛，可视黏膜发绀，呼吸极度困难，犬坐姿势张口呼吸，最后窒息死亡。病程 1～2 天。病死率很高。

急性型：潜伏期 1～3 天。体温升至 41℃ 左右，精神差，食欲减少或废绝。肺炎症状明显。初为干性短咳，后变湿性痛咳，鼻孔流出浆性或脓性分泌物，触诊胸壁有疼痛感，听诊有啰音，呼吸困难，结膜发绀，皮肤上有红斑。初便秘，后腹泻，消瘦无力。大多 4～7 天死亡，不死者常转为慢性。

慢性型：潜伏期 5～14 天。初期症状不显，继则食欲和精神不振，持续性咳嗽，呼吸困难，进行性消瘦，行走无力。发生慢性关节炎者，关节肿胀，跛行。有的病例还发生下痢。如不加治疗常于发病 2～3 周后衰竭而死。

【病理变化】

最急性型：发生败血症的变化，全身皮下、黏膜有明显的出血。在咽喉部黏膜充血、水肿，周围组织有明显的黄红色出血性胶冻样浸润。咽背及颈部淋巴结急性肿大，切面红色，甚至出现坏死。胸腔及心包积液，有纤维素性渗出。心外膜出血。肺充血、水肿。脾脏不肿大，有点状出血。

急性型：肺部炎症表现，肺小叶间质水肿增宽，有不同时期的肝变期，质度坚实如肝，切面有暗红、灰红或灰黄等不同色彩，呈大理石样。支气管内充满分泌物。支气管和肠系膜淋巴结有干酪样变化。胸腔和心包内积有多量淡红色混浊液体，内混有纤维素，甚至心包和胸膜发生黏连。

【诊断】

心、肝、脾组织涂片，瑞氏或美蓝染色镜检，可见两端着色的小杆菌。

细菌培养：病料接种鲜血琼脂培养基上，置 37℃ 培养 24 小时，观察结果，必要时可进一步做生化反应。

动物试验：将病料用生理盐水作成 1：10 乳液，取上清液 0.2 毫升接种小鼠、鸽或鸡，1~2 天发病。再取病料涂片检查，或作血液琼脂培养，可得以确诊。

【防治】

预防本病必须贯彻"预防为主"的方针，加强饲养管理，以增强动物机体的抵抗力，防止发生内源性感染。

定期免疫接种：每年春秋两季定期进行预防注射

猪肺疫氢氧化铝菌苗，断奶后的大小猪只一律皮下或肌内注射 5 毫升。注射后 14 天产生免疫力，免疫期为 6 个月。

口服猪肺疫弱毒冻干菌苗，按瓶签说明的头份，用水稀释后，混入饲料或饮水中喂猪，使用方便。不论大小猪，一律口服 1 头份，免疫期 6 个月。

及时隔离患病动物，进行严格消毒。

治疗患病动物：20% 磺胺噻唑钠或磺胺嘧啶钠注射液，小猪为 10~15 毫升，大猪为 20~30 毫升，肌内或静脉注射，每日 2 次，连用 3~5 天。链霉素为 1 克，一日分 2 次肌注。早期应用抗

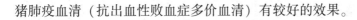

猪肺疫血清（抗出血性败血症多价血清）有较好的效果。

（三）口蹄疫

口蹄疫是由口蹄疫病毒引起的以患病动物的口、蹄部出现水疱性病症为特征的传染性疫病。特征是起病急、传播极为迅速。发病率可达 100%，仔猪常不见症状而猝死，严重时死亡率可达 100%。

【病原】

口蹄疫病毒属于小 RNA 病毒，有 7 个血清型，型间无交叉保护。

对酸碱敏感。当 pH 值低于 6 或高于 9 时，病毒很快失活。

对外界环境有较强的抵抗力，夏季存活 3 天，冬季存活28 天。

对酸、碱、氧化剂和卤族消毒剂敏感，可根据实际条件进行选用。

【流行病学】

传染源：病猪和怀疑染毒猪几乎所有的组织、器官以及分泌物、排泄物等。

传播途径：接触传播，直接接触主要发生在同群猪之间；间接接触主要由猫、狗、昆虫等传播。空气传播以气溶胶的形式通过空气长距离传播。病毒可经吸入、摄入、外伤和人工授精等多种途径侵染易感猪。

易感动物：不同年龄的猪易感程度不完全相同，一般年幼的仔猪发病率高，病情重，死亡率高。

流行特点：多发于秋末、冬季和早春，春季达到高峰，大型猪场及生猪集中的仓库，四季均可发生。本病常呈跳跃式流行，主要发生于集中饲养的猪场、仓库、城郊猪场及交通沿线。

【症状】

蹄冠、蹄叉、蹄踵有水疱和溃烂、继发感染时，蹄壳可能脱落，病猪跛行；鼻盘、口腔、齿龈、舌、乳房（主要是哺乳母猪）也可见到水疱和烂斑；体温升高，全身症状明显；仔猪可因肠炎和心肌炎死亡。

【诊断】

口、鼻、蹄、乳头等部位出现水疱。病猪跛行。

确诊要靠实验室诊断。主要通过病原学诊断（病毒分离鉴定、补体结合试验、反向间接血凝试验等）和抗体检测（病毒中和试验和 ELISA 方法）。

【防治】

预防：扑杀病畜及染毒动物，消除传染源。免疫接种，现行油佐剂灭活疫苗的注射密度达80%以上时，能有效遏制口蹄疫流行。限制动物、动物产品和其他染毒物品移动，搞好场区内环境卫生，严格消毒。定期进行抗体检测，合理进行补充免疫。

治疗：口蹄疫外源性抗体，一次肌内注射，按1千克体重0.1毫升用药，首次量加倍。有混感症状需要配合使用头孢噻呋钠、头孢喹肟等抗生素。以0.1%高锰酸钾溶液冲洗患部，然后涂碘甘油或1%~2%龙胆紫溶液。患部以消毒水洗净，撒布冰硼散（冰片5克，硼砂5克，黄连5克，明矾5克，儿茶5克）。

（四）蓝耳病

猪繁殖与呼吸综合征，俗称"蓝耳病"，是猪繁殖与呼吸综合征病毒引起猪的一种繁殖障碍和呼吸道的传染病，其特征主要表现为厌食、发热、怀孕后期流产、死胎和木乃伊胎；仔猪发生呼吸道症状。

【病原】

猪生殖—呼吸综合征病毒，为RNA病毒，两个血清型，即美洲型和欧洲型。我国猪群感染的主要是美洲型。

对热和pH值敏感。56℃ 20分钟，病毒灭活。病毒在pH值小于5或大于7的条件下，感染力下降90%。

常用消毒药有效。

【流行病学】

易感动物：各年龄和种类的猪均可感染，妊娠母猪和1月龄内的仔猪最易感。

传播方式：主要感染途径为呼吸道。空气传播、接触传播和垂直传播为主要的传播方式。

传染源：病猪、带毒猪和患病母猪所产的仔猪及被污染的环境用具为传染源。

流行特点：潜伏期仔猪2~4天，怀孕母猪4~7天。在仔猪间传播比在成猪间传播容易。本病无季节性，一年四季均可发生。饲养管理不善，防疫消毒制度不健全，饲养密度过大等是本病的诱因。

【临床症状】

母猪：精神不振，食欲不良，体温暂时性偏高，咳嗽，不同程度的呼吸困难，发情不正常或不孕，怀孕母猪早产或产死胎、木乃伊胎和病弱仔猪。少数母猪双耳、腹侧和外阴皮肤有一过性的青紫色或蓝紫色斑块。部分新生仔猪表现呼吸困难、运动失调及轻瘫等症状，产后一周内死亡率明显增高，可达40%~80%。

仔猪：以一月龄内仔猪最易感并表现典型的临床症状。体温升高达40℃，被毛粗乱，食欲减退或废绝，腹泻，生长缓慢。呼吸困难，呈腹式呼吸，后腿及肌肉震颤。共济失调，眼睑水肿。死亡率可高达60%~80%，耐过仔猪长期消瘦。

育肥猪：易感性较差，轻度的类流感症状，呈现厌食及轻度呼吸困难。少数病例表现咳嗽及双耳背面、边缘及尾部皮肤出现深青紫色斑块。

公猪：发病率较低，2%~10%。厌食、呼吸加快、咳嗽、消瘦、昏睡及精液质量明显下降。

【病理变化】

肺脏呈红褐花斑状，不塌陷，感染部位与健部界线不明显，常出现在肺前腹侧。

淋巴结中度到重度肿大，腹股沟淋巴结最明显。

胸腔内有大量的清亮的液体。显微镜下可见肺呈间质性肺炎。

新生仔猪病理变化最明显，其次是哺乳仔猪，然后是断奶后肥育猪。

【诊断】

母猪早产、流产、产死胎和衰弱仔猪的比率明显增高，产后无乳的母猪增加。

一月龄以内的仔猪出现呼吸道症状的增加，腹泻增多，瘦弱仔猪增多，治疗率下降，死亡率明显增高；全群猪有类似感冒的现象。

部分仔猪双耳发红，有的猪双耳、腹下、会阴、尾部皮肤有青紫色或蓝紫色斑块。

初步诊断 3 个指标：①妊娠母猪产下 20% 以上的死胎、弱胎。②8% 以上的母猪发生流产或早产。③初生仔猪死亡率在 25% 左右。

【防制】

无特效药物治疗，建立有效的预防和控制方法。

疫苗接种：已有灭活疫苗和弱毒疫苗供应。污染场母猪可在配种前接种弱毒苗，仔猪在 3~4 周龄接种疫苗。

加强饲养管理，严格消毒，搞好环境卫生，饲养密度要合理。

商品猪场要严格执行"全进全出"。

在本病流行期，可给仔猪注射抗生素并配合支持疗法，用以防止继发性细菌感染和提高仔猪的成活率。

（五）圆环病毒病

猪圆环病毒病是由猪圆环病毒引起猪的一种传染病。主要感染 8 ~ 13 周龄猪，其特征为渐进性消瘦、呼吸困难、皮炎和肾衰竭及脾脏大面积坏死等。

【病原】

猪圆环病毒，DNA 病毒，是已知的最小动物病毒之一，两个血清型。

对环境因素有高度抵抗力，可耐受 70℃ 15 分钟和 pH 值 3.0 的处理。

对化学药品的灭活作用有高度抵抗力。

【流行病学】

传染源：病猪和带毒猪。

传播途径：消化道、胎盘垂直传播等。

易感动物：断奶猪易感，而哺乳猪很少发病。

流行特点：发病集中于断奶后 2 ~ 3 周和 5 ~ 8 周龄的仔猪，实行早期隔离断奶的猪场，10 ~ 14 日龄断奶猪也可发病。应激条件可加重病情。急性暴发时，发病率可达 50%，病死率达 20%。

【临床症状】

临床上明显的症状是仔猪消瘦，体重减轻，呼吸困难。

仔猪传染性先天震颤：出生后第 1 周，严重的震颤可因不能吃奶而死亡。震颤为双侧性的，影响骨骼肌肉，当卧下或睡觉时震颤消失。外界刺激加重震颤，如噪音或寒冷。3 周后可恢复，但震颤并不完全恢复，整个育肥期都不断震颤。

猪断奶后多系统衰竭综合征：6 ~ 16 周龄发病，多发为 8 ~ 13 周龄仔猪，很少影响哺乳猪。食欲不振，被毛无光泽，皮肤苍白或黄染，出现呼吸系统症状，咳嗽、呼吸困难。持续性或间歇性腹泻、便秘、中枢神经系统紊乱。进行性消瘦，体重减轻，股前等体表淋巴结肿大。

猪皮炎肾病综合征：感染初期体温升高，食欲不振，呆滞，运动失调和无力。2 ~ 14 日龄为易感猪群，病猪皮肤突然广泛出现各种形状的大小不一的稍微突起的红紫色丘状斑点，然后变为紫色斑点病灶被黑色痂覆盖然后渐渐消失留下疤痕。病灶分布：耳部、背部、胸部、前后肢内侧、腹部等处。四肢和眼睑周围水肿，体表淋巴结肿大。受感染猪死亡率10%~20%。

母猪繁殖障碍：病猪表现流产、死产、木乃伊化胎儿增多，仔猪断奶前死亡率上升。

【病理变化】

仔猪传染性先天震颤：无肉眼变化，脊髓髓磷脂沉着迟缓营养状况差，肌肉消耗。

猪断奶后多系统衰竭综合征：典型病例死亡的病尸消瘦，淋巴结肿大4~5倍，切面发白，腹股沟、胃、肠系膜、支气管等器官或组织的淋巴结尤为突出。肺质地坚实如橡胶样，比重增加，肺泡有出血斑，肺脏呈现花斑状。肾苍白，散有白色病灶或非常肿大，呈花斑状。脾高度肿大出血、边缘有丘状突起以及出血性梗死灶，有20%~30%的脾大面积出血坏死灶被机化吸收，为本病重要诊断依据之一。在胃靠近食道的区域常有大片溃疡形成。并发细菌感染，可见多发性浆膜炎、关节炎、支气管炎与败血症等。

【诊断】

主要发生于断奶仔猪，依据表现消瘦、衰竭、呼吸困难，以及淋巴结、肺、肾的特征性肉眼病变等可做出初步的判断，确诊要进行实验室诊断。

可应用检测病毒特异抗原或DNA的方法来诊断PCV-2。也可用间接荧光技术或竞争ELISA检测PCV-2抗体。

【防治】

猪场一旦感染本病，控制和净化消灭本病非常困难。

当前尚无疫苗，又无有效药物治疗，坚持预防为主，加强饲养管理和卫生防疫措施，防止疫病传入，控制并发和继发感染。

坚持自繁自养，必要时从猪圆环病毒阴性猪场进行引种。

一旦发现可疑病猪，要及时隔离。

定期消毒，受威胁区每隔 3 天用消毒剂消毒 1 次，发病地区每天用卤族（氯碘）、氢氧化钠或其他复方消毒剂轮换消毒。

（六）猪伪狂犬病

猪伪狂犬病是由伪狂犬病毒引起的猪的一种以发热、呼吸和神经系统疾病为特征的急性传染病。15 日龄内的仔猪死亡率达100%，妊娠母猪可导致死胎和流产。

【病原】

伪狂犬病病毒属于疱疹病毒。

对脂溶剂如乙醚、丙酮、氯仿、酒精等高度敏感，对消毒剂无抵抗力。

在 pH 值 6～11 的环境中稳定。

【流行病学】

易感动物：仔猪和妊娠母猪，但成年猪症状极轻微，很少死亡。

传染源：病猪、带毒猪为本病的重要传染源。污染的圈舍和鼠类在疾病的传播中起重要作用。

传播途径：直接接触（健康猪与病猪或带毒猪）和间接接触（舍内用具、垫料和栅栏等）可感染本病。经消化道感染（饲料、水、乳汁等）。通过空气传播（附近猪场间疾病的传播）、垂直传播（感染本病的妊娠母猪，常可侵及子宫内的胎儿）。

流行特点：本病一年四季均可发生，但以冬春两季和产仔旺季多发。往往在分娩高峰的母猪舍先发病，几乎每窝都发病，发病率达 100%。哺乳仔猪的死亡率可高达 80%～90%，甚至 100%。

【症状】

本病的潜伏期一般为 3～6 日。

发病仔猪出现神经症状，兴奋不安，体表的肌肉痉挛，眼球振颤，向上翻，运动障碍。有间歇性的抽搐，严重的出现角弓反张，发热、高热，最后昏迷死亡。

病程 36～48 小时。耐过的仔猪往往发育不良，成为僵猪。

母猪多呈一过性和亚临床性，孕猪出现流产、死胎。流产发生率为 50%。

【病理变化】

母猪：母猪流产时，肉眼可见母猪有轻度子宫内膜炎变化，胎盘部分钙化。胎儿在子宫内有被溶解和被吸收的现象。

仔猪：具有诊断价值的变化为鼻腔卡他性或化脓出血性炎症，扁桃体水肿并伴有咽炎和喉头水肿。肺水肿、上呼吸道内含有大量泡沫样的水肿液，喉黏膜和浆膜可见点状或斑状出血。淋巴结特别是肠系膜淋巴结和下颌淋巴结充血、肿大、间有出血。心内膜有斑状出血，肾点状出血性炎症变化。胃底部可见大面积出血，小肠黏膜出血、水肿。脑膜充血、水肿、脑实质有点状出血。肝表面有大量纤维素渗出。

【诊断】

具有参考价值的变化是鼻腔卡他性或化脓出血性炎，扁桃体水肿并伴以咽炎和喉头水肿，淋巴结充血、肿大、呈褐色（与猪瘟不同）。心肌松软、心内膜有斑状出血，胃底部可见大面积出血。

动物接种实验：采取病猪脑组织接种于健康家兔后腿外侧皮下，家兔于 24 小时后表现有精神沉郁，发热，呼吸加快（98～100 次/分），家兔表现局部奇痒症状，用力撕咬接种点，引起局部脱毛、皮肤破损出血。严重者可出现角弓反张，4～6 小时后病兔衰竭而亡。

血清学诊断可直接用免疫荧光法、间接血凝抑制试验、琼脂扩散试验、补体结合试验、酶联免疫吸附试验、乳胶凝集试验。

【防治】

本病遍布全国，目前无特效的治疗方法，免疫预防是控制本病唯一有效的办法。

猪伪狂犬病有灭活疫苗、弱毒疫苗和基因缺失疫苗三种。

（七）日本乙型脑炎

日本乙型脑炎是由日本乙型脑炎病毒引起的一种急性自然疫源性人畜共患传染病。猪表现流产、死胎和睾丸炎。

【病原】

日本乙型脑炎病毒属于黄病毒科。能凝集鸡、鸭、鹅、鸽及绵羊的红细胞，具有溶血活性。

对乙醚、氯仿和胰酶敏感。

该病毒对外界的抵抗力不强，常用的消毒药，如2%烧碱，3%来苏尔均具有良好的消毒效果。

【流行病学】

传染源：病猪与带毒猪为传染源。

传播途径：主要经蚊虫叮咬而传播，其传播呈现哺乳动物—蚊—哺乳动物的规律性。

易感动物：各种年龄的猪。

流行特点：本病有明显的季节性，90%的病例发生于7~9月；传播环节：常在哺乳动物（鸟类）与蚊之间循环；病毒可在成蚊、猪、野生啮齿类、鸟类及蝙蝠体内带毒越冬。

【症状】

人工感染潜伏期一般为3~4天，自然感染的潜伏期2~4天。

不同脑炎的猪虽然都可感染，但多数呈隐性感染状态。

少数病猪发病后，在临床上常表现为突然高热稽留，表现沉郁、嗜眠、减食、渴欲增加，有的呈现明显的神经症状，磨牙、空嚼、口吐白沫。向前冲撞，转圈运动，最后麻痹死亡。

妊娠母猪常突然发生流产，流产前症状不明显。流产多在妊娠期发生，流产后症状减轻，体温、食欲恢复正常。母猪流产后对继续繁殖无影响。

流产胎儿多为死胎或木乃伊胎，弱仔。部分存活仔猪虽然外表正常，但衰弱不能站立，不会吸乳；有的生后出现神经症状，全身痉挛，倒地不起，1~3天死亡。

公猪表现睾丸炎，一侧或两侧睾丸明显肿大，较正常睾丸大半倍到一倍。

【病理变化】

病理变化主要在脑，可见脑髓液增多，呈透明黄色，有时出现混浊。硬脑膜及软脑膜轻度充血或有出血点，脑组织软化，切面可见血管明显充血，有散在小点状出血。肝、肾混浊肿胀、稍硬。心内外膜点状出血，肺充血，水肿。

流产母猪子宫内膜显著充血、水肿，黏膜表面覆盖多数黏液性分泌物，胎盘呈炎性反应。

死胎常见皮下水肿和胶样浸润。头部肿大，皮下弥散性水肿，腹水增多，肌肉呈熟肉样变，脑、髓膜出血并散发点状出血。

公猪切开肿胀的睾丸，鞘膜腔内潴留有大量黄褐色不透明液体，睾丸实质全部或部分充血，切面有大小不等的黄色坏死灶。慢性病例可见睾丸萎缩、硬化、睾丸与阴囊黏连，实质大部分结缔组织化。

【诊断】

有明显的季节性、地区性及其临床特征，例如高热和狂暴或沉郁等神经症状，流行期中不难做出诊断。

本病的确诊有赖于病毒分离和血清学诊断或变态反应。

【防治】

灭蚊：搞好环境卫生和灭蚊工作，是预防本病的一项根本性措施。

预防接种：种猪（包括公猪），第1次注射后，间隔4~6周后加强免疫1次，以后每次产前1个月左右加强免疫1次，可获得非常好的免疫效果，可保护哺乳仔猪到断奶。种用的仔猪在断奶时注射1次，间隔4~6周后，加强免疫1次，以后按种猪免疫程序进行。商品猪断奶时注射 1 次，直到出栏。

治疗：除加强护理外，主要应采取降低颅内压，调整大脑机能，强心，利尿，解毒，防治并发症等综合性治疗措施。

（八）猪大肠杆菌病

猪感染致病性大肠杆菌时，根据发病日龄和临床表现的差异又分为仔猪黄痢、仔猪白痢和仔猪水肿病。

【病原】

革兰氏染色阴性，无芽孢，一般有数根鞭毛，常无荚膜的、两端钝圆的短杆菌。在普通培养基上易于生长，于 37℃ 24 小时形成透明浅灰色的湿润菌落。

生化反应活泼，在鉴定上具有意义的生化特性是：M. R. 试验阳性和 V. P. 试验阴性。不产生尿素酶、苯丙氨酸脱氢酶和硫化氢；不利用丙二酸钠，不液化明胶，不能利用枸橼酸盐，也不能在氰化钾培养基上生长。由于能分解乳糖，因而在麦康凯培养基上生长可形成红色的菌落。

【流行病学】

传染源：带菌母猪是主要传染来源。

传播途径：主要通过消化道进行传播，仔猪出生后通过污染母猪的乳头和皮肤将病菌吃进胃肠道引起发病。

易感动物：仔猪黄痢以 1～3 日龄最为多见，1 周以上的仔猪易感性差。

仔猪白痢以 10～30 日龄以内仔猪易感，以 2～3 周发病最多，7 天以内或 30 天以上发病的较少。仔猪水肿病主要在断奶前后半个月发生。

流行特点：一年四季都可发生，一般以严冬、早春及炎热季节发病较多。不良应激存在（仔猪密度大、环境卫生不良等）时，发病和死亡率增高。在产仔季节常多窝仔猪发病，发病率常在 90%，头胎母猪所产的仔猪发病率最高，死亡率也高。

【症状】

仔猪黄痢：潜伏期短，生后 12 小时可发病，一般为 1~3 天。病猪主要症状是拉黄痢，粪大多呈黄色水样，内含凝乳小片，顺肛门流下，其周围大多不留粪迹，易被忽视。下痢严重时，小母猪阴户尖端可出现红色，后肢被粪液沾污，捕捉挣扎或鸣叫时，粪水常由肛门冒出。病仔猪精神沉郁，不吃奶，脱水，昏迷而死。最急性者，不见下痢、倒地昏迷突然死亡。

仔猪白痢：病猪主要发生下痢，突然腹泻，排出灰（乳）白色糊状粪便，有腥臭味。病猪体温一般不升高，精神尚好，到处跑动，有食欲。如不及时采取处治措施，下痢可逐渐加剧，肛门周围、尾及后肢常被稀粪沾污，仔猪精神委顿，食欲废绝，消瘦，走路不稳，寒战，喜钻入垫草中。如并发肺炎则呼吸加快。若治疗不及时或治疗不当，常经 5~6 天死亡。也有病期延长到 2~3 周以上的。病程较长而恢复的仔猪生长发育缓慢，成为僵猪，较少死亡，体温食欲变化不大。

仔猪水肿病：本病潜伏期很短，多突然发生。水肿是本病的特征症状，常于脸部、眼睑、眼结膜、齿龈处见到，有时可波及颈和腹的下部，声门水肿时叫声嘶哑。病猪早期症状为精神不振，食欲减少或不吃，步态不稳，起立困难。少数病猪出现尖叫和跳跃等兴奋症状。病情进一步发展，可出现神经症状，无目的地行走，盲目乱冲或转圈，继而瘫痪。有的胸部着地，呈俯卧状，有的侧卧，四肢乏力，全身肌肉震颤。部分仔猪出现空嚼，舌伸出口外，不能缩回，最后昏迷死亡。一般体温正常或稍高，病程短，有的仅几个小时，通常为 1~2 天。急性病例死亡率几乎为 100%，亚急性为 60%~80%。如治疗得当，72 小时不死也有康复的可能。

【病理变化】

仔猪黄痢：病变主要见于肠道，小肠（尤为十二指肠）呈急性卡他性炎症，表现为肠黏膜肿胀、充血或出血。肠壁变薄、松弛。胃黏膜有红肿。肠系膜淋巴结肿大，充血、多汁。心、肝、肾有变性，重者有出血点。

仔猪白痢：胃内积食，胃黏膜潮红肿胀，以幽门部最明显，上附黏液，少数严重病例有出血点。小肠呈卡他性炎症，肠黏膜潮红，肠内容物呈黄白色，稀粥状，有酸臭味，有的肠管空虚或充满气体，肠壁菲薄而透明。严重病例黏膜有出血点及部分黏膜表层脱落。肠系膜淋巴结肿大。肝和胆囊稍肿大，肾脏呈苍白色。病程久者可见肺炎病变。

仔猪水肿病：病理变化具有特征性，除卡他性肠炎变化外，可见全身各组织水肿，主要为面部、眼睑、胃（大弯部）水肿。尤以胃壁、肠系膜和体表某些部位的皮下水肿为突出。眼睑及结膜水肿，胃大弯部及声门部水肿，肠系膜、胆囊及喉头水肿，胃壁切面可见黏膜与肌肉间有一层胶样无色或淡红色水肿。全身淋巴结充血、出血。心包、胸、腹腔积液，积液暴露于空气后，凝成胶胨样。皮下血管可形成纤维蛋白栓。出现过敏反应，可见水肿部嗜酸性细胞浸润。

【诊断】

根据流行病学、症状和病理变化等特点，可作出初诊，确诊需作实验室检查和类症鉴别。

简易法鉴定粪便酸、碱性：ETEC感染引起的腹泻属分泌性腹泻，内容物碱性，而吸收不良性腹泻，为酸性，据此可以初步区别腹泻的原因。

细菌分离鉴定：仔猪黄痢和仔猪白痢将濒死或死亡不久的仔猪小肠前段，用无菌盐水轻轻冲洗后刮取黏膜，仔猪水肿病取肠系膜淋巴结，接种于麦康凯平板，挑取红色菌落做生化、溶血等试验，并用大肠杆菌因子血清鉴定血清型。

肠毒素的测定：测定大肠杆菌毒素的方法很多，有兔肠段结扎试验、小鼠肠衣袢试验、皮肤毛细血管通透性亢进试验、乳鼠灌胃试验、琼脂扩散法、被动兔免疫溶血法、ELISA、基因探针等。兔肠段结扎试验和小鼠肠衣祥试验对肠毒素的测定是普遍使用的好方法，但操作繁琐。基因探针很敏感，是目前最先进的方法，但不易推广。ELISA 很敏感，易于推广。

【防治】

加强分娩舍的卫生及消毒工作，不从有病猪场引种，固定猪圈、运动场，生产时产房及母猪阴部、乳房用 0.1% 高锰酸钾消毒，接产时挤掉少许乳汁，注意营养不良（如日粮成分不均衡，维生素缺乏）及影响乳汁分泌疾患（如母猪全身感染、乳腺炎，不吃常乳仔猪对大肠杆菌同样易感）。

免疫接种：疫苗免疫应在本地区或猪场大肠杆菌血清型调查的基础上，使用与本地区血清型一致的疫苗或其与 LT 联合疫苗。预防仔猪黄痢，可对妊娠母猪产前 6 周和 2 周进行两次注射。一般说，（来自当地流行菌型的）自家场疫苗给妊娠母猪（产前 3~4 周）经口免疫（多价、不用抗生素）效果较好，灭活苗在产前 4~6 周和 1~2 周两次皮下或肌内免疫母猪，也有较好的效果。预防仔猪白痢和仔猪水肿病，可在仔猪出生后接种猪大肠杆菌腹泻基因工程多价苗，灭活苗使用也有较好的效果。

定期对母猪预防性投药。母猪临产至产后 3~5 天投喂抗生素，仔猪可口服抗血清或使用抗生素，1 天 2 次，连用 4~5 天，对仔猪黄痢有较好的预防作用。

发病后及时选取敏感药物进行治疗。对于仔猪黄白痢的治疗原则是抗菌、补液，母仔兼治、全窝治疗，常用的药物有庆大霉素、痢特灵、氯霉素、新霉素、磺胺甲基嘧啶等。治疗的同时应给仔猪补液，如口服补液盐或 5% 的葡萄糖。

其他防治方法：仔猪黄痢用微生态制剂，如 NY-10 为非病原性和一株猪源的嗜酸性乳酸杆菌混合冻干，用它喂刚出生的小猪，肠道中能繁殖处被大量 NY-10 菌占领，与乳酸杆菌共同组成一个正常肠道菌群，竞争性抑制排斥病原性大肠杆菌繁殖。10 天后 NY-10 菌从肠道中完全消失，一般仔猪在产后经口滴

0.2~0.3毫升，经1.5~2小时再喂奶。其他如促菌生、乳康生、调痢生（8501）等都有较好作用。

仔猪白痢还可用以下方法治疗。中兽医疗法：小种倒勾藤，白痢灵注射液，辣蓼注射液、十滴水、羊红膻等治愈率均在90%以上；二氧化碳激光治疗：将医疗机导光头对准交巢穴，开动高压微动开关，即有激光束射出烧灼穴位，一次治愈率92%~95.8%，药物对照组61.5%，3天为一疗程，6天后恢复不留疤痕。

（九）仔猪副伤寒

仔猪副伤寒，主要是由猪霍乱沙门氏菌、猪伤寒沙门氏菌、鼠伤寒沙门氏菌、肠炎沙门氏菌病引起仔猪的一种传染病。急性者为败血症，慢性者为坏死性肠炎。

【病原】

革兰氏染色阴性，无芽孢、无荚膜。

需氧、兼性厌氧，普通培养基上生长良好。

对外界环境的抵抗力较强，在60℃15分钟可杀死。

5%石灰酸、2%烧碱水、0.1%升汞液等于数分钟内即可灭活。

对庆大霉素、氯霉素、呋喃唑酮、多粘菌素B等药物尚有较高敏感性。

【流行病学】

易感动物：主要发生于6月龄以下仔猪，特别是2~4月龄仔猪多见。

传染源：病猪及带菌猪是主要的传染源。

传播途径：污染的饲料和水源经消化道感染健康动物。患病动物和健康动物交配或用患病动物的精液人工授精也可发生感染。子宫内也可能感染。

流行特点：一年四季均可发生，多雨潮湿季节发病较多。一般呈散发或地方流行性。

【症状】

急性（败血）型：多见于断奶前后（2～4月龄）仔猪，发病率低于10%，病死率可达20%～40%。体温41～42℃，拒食，耳根、胸前、腹下等处皮肤出现紫斑，后期见下痢、呼吸困难、咳嗽、跛行，经1～4天死亡。

亚急性型和慢性型：较多见，体温40.5～41.5℃，畏寒，结膜炎，黏、脓性分泌物，上下眼睑黏连，角膜可见混浊，溃疡。顽固性下痢，粪便水样、黄绿色或暗棕色，混有血液坏死组织或纤维素絮片。恶臭，时好时坏，反复发作，持续数周，伴以消瘦、脱水而死。部分病猪在病中后期皮肤出现弥漫性痂状湿疹。病程可持续数周，终至死亡或成僵猪。

【病理变化】

急性型：主要表现败血症的病理变化。脾肿大，暗蓝色，似橡皮。肠系膜淋巴结索状肿大。肝肿大，充血、出血，肝实质有黄灰色细小坏死点。皮肤有紫斑，全身黏、浆膜出血，卡他性–出血性胃肠炎。

亚急性型和慢性型：主要病变在盲肠、结肠和回肠。特征是纤维素性—坏死性肠炎，肠壁增厚，黏膜潮红，上覆盖一层弥漫性坏死和腐乳状坏死物质，剥离见基底潮红，边缘留下不规则堤状溃疡面，称"糠麸样变"。肝、脾、肠系膜淋巴结常可见针尖大、灰白或灰黄色坏死灶或结节。肠系膜淋巴结呈絮状肿大，有的有干酪样变。肺常有卡他性肺炎或灰兰色干酪样结节。

【诊断】

根据临床症状和病理变化可以做初步诊断。

实验室确诊可进行细菌分离鉴定、血清学方法（凝集反应和酶联免疫吸附试验）、ELISA和PCR技术等。

【防治】

加强饲养管理，坚持自繁自养。

接种弱毒菌苗：仔猪断奶后接种仔猪副伤寒弱毒冻干菌苗，可有效地防止本病发生。

针对病情，对症治疗。抗菌消炎，止泻补液等。常用抗生素有土霉素、卡那霉素、庆大霉素、新霉素、磺胺甲基异噁唑或磺胺嘧啶等。

（十）猪接触传染性胸膜肺炎

猪传染性胸膜肺炎是由胸膜肺炎放线杆菌引起猪的一种高度接触传染性呼吸道疾病。临床上以急性出血性纤维素性胸膜肺炎和慢性纤维素性坏死性胸膜肺炎为特征。急性死亡率高，慢性有时能耐过。

【病原】

病原体为胸膜肺炎放线菌，呈小到中等大小的球杆状到杆状，具有显著的多形性。菌体有荚膜，不运动，革兰氏阴性。为兼性厌氧菌。

本菌对外界抵抗力不强，对常用消毒剂和温度敏感，一般消毒药即可杀灭，在60℃下5～20分钟内可被杀死，4℃下通常存活7～10天。不耐干燥，排出到环境中的病原菌生存能力非常弱，而在黏液和有机物中的病原菌可存活数天。对结晶紫、杆菌肽、林肯霉素、壮观霉素有一定抵抗力。对土霉素等四环素族抗生素、青霉素、泰乐菌素、磺胺嘧啶、头孢类等药物较敏感。

【流行病学】

易感动物：各种年龄、性别的猪都有易感性，6周龄至6月龄的猪较多发，但以3月龄仔猪最为易感。

传染源：病猪和带菌猪是本病的传染源。种公猪和慢性感染猪在传播本病中起着十分重要的作用。

传播途径：主要通过空气飞沫传播，感染猪的鼻汁、扁桃体、支气管和肺脏等部位是病原菌存在的主要场所。病菌随呼吸、咳嗽、喷嚏等途径排出后形成飞沫，通过直接接触而经呼吸道传播。也可通过被病原菌污染的车辆、器具以及饲养人员的衣物等而间接接触传播。小啮齿类动物和鸟也可能传播本病。

流行特点：本病的发生多呈最急性型或急性型病程而迅速死亡，急性暴发猪群，发病率和死亡率一般为50%左右，最急性型的死亡率可达80%～100%。发病具有明显的季节性，多发生于4～5月和9～11月。饲养环境突然改变、猪群的转移或混群、拥挤或长途运输、通风不良、湿度过高、气温骤变等应激因素，均可引起本病发生或加速疾病传播，使发病率和死亡率增加。

【临床症状】

人工感染猪的潜伏期约为1～7天或更长。由于动物的年龄、免疫状态、环境因素以及病原的感染数量的差异，临诊上发病猪的病程可分为最急性型、急性型、亚急性型和慢性型。

最急性型：突然发病，病猪体温升高至41～42℃，心率增加，精神沉郁，废食，出现短期的腹泻和呕吐症状，早期病猪无明显的呼吸道症状。后期心衰，鼻、耳、眼及后躯皮肤发绀，晚期呼吸极度困难，常呆立或呈犬坐式，张口伸舌，咳喘，并有腹式呼吸。临死前体温下降，严重者从口鼻流出泡沫状血性分泌物。病猪于出现临诊症状后24～36小时内死亡。有的病例见不到任何临诊症状而突然死亡。此型的病死率高达80%～100%。

急性型：病猪体温升高达40.5～41℃，严重的呼吸困难，咳嗽，心衰。皮肤发红，精神沉郁。由于饲养管理及其他应激条件的差异，病程长短不定，所以在同一猪群中可能会出现病程不同的病猪，如亚急性或慢性型。

亚急性型和慢性型：多于急性期后期出现。病猪轻度发热或不发热，体温在39.5～40℃，精神不振，食欲减退。不同程度的自发性或间歇性咳嗽，呼吸异常，生长迟缓。病程几天至1周不等，或治愈或当有应激条件出现时，症状加重，猪全身肌肉苍白，心跳加快而突然死亡。

【病理变化】

最急性型：病死猪剖检可见气管和支气管内充满泡沫状带血的分泌物。肺充血、出血和血管内有纤维素性血栓形成。肺泡与间质水肿。肺的前下部有炎症出现。

急性型：急性期死亡的猪可见到明显的剖检病变。喉头充满血样液体，双侧性肺炎，常在心叶、尖叶和膈叶出现病灶，病灶区呈紫红色，坚实，轮廓清晰，肺间质积留血色胶样液体。随着病程的发展，纤维素性胸膜肺炎蔓延至整个肺脏。

亚急性型：肺脏可能出现大的干酪样病灶或空洞，空洞内可见坏死碎屑。如继发细菌感染，则肺炎病灶转变为脓肿，致使肺脏与胸膜发生纤维素性黏连。

慢性型：肺脏上可见大小不等的结节（结节常发生于膈叶），结节周围包裹有较厚的结缔组织，结节有的在肺内部，有的突出于肺表面，并在其上有纤维素附着而与胸壁或心包黏连，或与肺之间黏连。心包内可见到出血点。

在发病早期可见肺脏坏死、出血，中性粒细胞浸润，巨噬细胞和血小板激活，血管内有血栓形成等组织病理学变化。肺脏大面积水肿并有纤维素性渗出物。急性期后则主要以巨噬细胞浸润、坏死灶周围有大量纤维素性渗出物及纤维素性胸膜炎为特征。

【防治】

首先应加强饲养管理，严格卫生消毒措施，注意通风换气，保持舍内空气清新。减少各种应激因素的影响，保持猪群足够均衡的营养水平。

应加强猪场的生物安全措施。从无病猪场引进公猪或后备母猪，防止引进带菌猪；采用"全进全出"饲养方式，出猪后栏舍彻底清洁消毒，空栏1周才重新使用。新引进猪或公猪混入一群副猪嗜血杆菌感染的猪群时，应该进行疫苗免疫接种并口服抗菌药物，到达目的地后隔离一段时间再逐渐混入较好。

对已污染本病的猪场应定期进行血清学检查，清除血清学阳性带菌猪，并制定药物防治计划，逐步建立健康猪群。在混群、疫苗注射或长途运输前1~2天，应投喂敏感的抗菌药物，如在饲料中添加适量的磺胺类药物或泰妙菌素、泰乐菌素、新霉素、林可霉素和壮观霉素等抗生素，进行药物预防，可控制猪群发病。

疫苗免疫接种：目前国内外均已有商品化的灭活疫苗用于本病的免疫接种。一般在5~8周龄时首免，2~3周后二免。母猪在产前4周进行免疫接种。可应用包括国内主要流行菌株和本场分离株制成的灭活疫苗预防本病，效果更好。

（十一）链球菌病

猪链球菌病是由多种致病性猪链球菌感染引起的一种人畜共患病。猪链球菌是猪的一种常见和重要病原体，也是人类动物源性脑膜炎的常见病因，可引起脑膜炎、败血症、心内膜炎、关节炎和肺炎，主要表现为发热和严重的毒血症症状。

【病原】

猪链球菌是一种革兰阳性球菌，呈链状排列，无鞭毛，不运动，不形成芽孢，但有荚膜。为兼性厌氧菌，但在无氧时溶血明显，培养最适温度为37℃。菌落细小，直径1~2毫米，透明、发亮、光滑、圆形、边缘整齐，在液体培养中呈链状。

【流行病学】

易感动物：各种年龄的猪均可感染。

传染猪是主要传染源，尤其是病猪和带菌猪是本病的主要传染源

传播途径：猪链球菌的自然感染部位是猪的上呼吸道（特别是扁桃体和鼻腔）、生殖道、消化道。猪与猪之间通过呼吸道和密切接触传播。

本病一年四季都可发生，但以5~11月发病最多，一般呈地

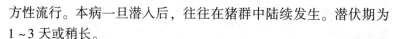

方性流行。本病一旦潜入后，往往在猪群中陆续发生。潜伏期为 1~3 天或稍长。

【临床症状】

急性败血型：最急性型不出现症状即死亡。急性型体温升高至 41~43℃，废食、震颤，耳、颈下、腹部出现紫斑，如不及时治疗死亡率很高。此类型多发生于架子猪、育肥猪和怀孕母猪，是本病中危害最严重的类型。

心内膜炎型：本型不容易生前发现和诊断，多发于仔猪，突然死亡或呼吸困难，皮肤苍白或体表发绀，很快死亡。往往与脑膜炎型并发。

脑膜炎型：除体温升高、拒食外，出现神经症状。磨牙、转圈、头向上仰、运动失调，后期四肢划水样动作，最后昏迷死亡。

关节炎型：通常先出现于 1~3 日龄的幼猪，仔猪也可发生。表现为跛行和关节肿大，呈高度跛行，不能站立，体温升高，被毛粗乱。由于抢不上吃奶而逐渐消瘦。

化脓性淋巴结类型：颌下淋巴结化脓性炎症为常见，咽、耳下、颈部等淋巴结也可发生。肿胀、硬固、热痛，可影响采食，一般不引起死亡。

【病理变化】

败血型：呈现出血性败血症变化，与最急性猪瘟相似。剖检可见鼻黏膜紫红色、充血及出血，喉头、气管充血，常有大量泡沫。肺充血肿胀。全身淋巴结有不同程度的肿大、充血和出血。脾肿大 1~3 倍，呈暗红色，边缘有黑红色出血性梗死区。胃和小肠黏膜有不同程度的充血和出血，肾肿大、充血和出血，脑膜充血和出血，有的脑切面可见针尖大的出血点。

脑膜脑炎型：剖检可见脑膜充血、出血，脑组织切面有点状出血，个别脑膜下积液，脑脊髓液浑浊、增量，有多量白细胞。其他病变与败血型相同。

心内膜炎型：剖检可见心内膜炎、心包炎，瓣膜上有菜花样赘生物。

关节炎型：剖检可见关节腔内有黄色胶胨样或纤维素性、脓性渗出物。

淋巴结脓肿型：淋巴结脓肿。

【诊断】

根据流行特点，典型症状及剖检变化，常可作出初步诊断。为了确诊应进一步做细菌检查，可采取病猪或死猪的脓汁、血、脑、肝、脾等组织做抹片，染色、镜检，如发现呈链状排列的革兰氏阳性球菌，即可确诊。

【防治】

减少应激因素，不使猪过度拥挤，加强通风。保持猪舍和场地环境清洁并坚持猪栏和环境的消毒制度。同时将"猪链球多价灭活苗"的预防注射列入常规的免疫程序。一头猪发病经确诊后应对全群猪进行药物预防。

流行季节的全群预防可用四环素、土霉素、金霉素任选一种，按每吨饲料中 600～800 克添加，连用 7 天。有病例发生时可用阿莫西林每吨饲料 200 克加磺胺五甲氧嘧啶 300～400 克添加，连用 7 天。对淋巴结脓肿，待脓肿变软、成熟后，及时切开，排出脓汁，用 3% 双氧水或 0.1% 高锰酸钾冲洗后涂以碘酊。

（十二）副嗜血杆菌病

猪副嗜血杆菌病是由猪副嗜血杆菌引起猪的多发性浆膜炎和关节炎的细菌性传染病，主要引起肺浆膜和心包以及腹腔浆膜和四肢关节浆膜的纤维素性炎为特征的呼吸道综合征。

【病原】

副嗜血杆菌生长时需要烟酰胺腺嘌呤二核苷酸，NAD 或 V 因子。

血液培养基上菌落不出现溶血现象。

常用消毒药可将其杀死。

寄生在上呼吸道内，是属于条件性细菌，可以受多种因素诱发。

【流行病学】

传染源：患猪或带菌猪为主要传染源。

传播途径：主要通过空气、直接接触感染，消化道等亦可感染。

易感动物：各种年龄的猪，以断奶后和保育阶段的幼猪最易感。

流行特点：主要与猪场的猪体抵抗力、环境卫生、饲养密度有极大关系。猪有呼吸道疾病感染时，副嗜血杆菌的存在可加剧病情。主要发生在断奶后和保育阶段的幼猪，发病率 10% ~ 15%，死亡率可达 50%。

【临床症状】

急性型：首先发生于膘情良好的猪，体温 40.5 ~ 42.0℃。精神沉郁，食欲下降，咳嗽，呼吸困难（腹式呼吸），部分病猪出现鼻流脓液。体表皮肤发红或苍白，耳梢发紫，眼睑皮下水肿。行走缓慢或不愿站立，出现跛行或一侧性跛行，腕关节、跗关节肿大，共济失调，临死前侧卧或四肢呈划水样。有时也会无明显症状而突然死亡，严重时母猪流产。在发生关节炎时，可见一个或几个关节肿胀、发热，初期疼痛，多见于腕关节和跗关节，起立困难，后肢不协调。

慢性型：患猪或带菌猪多见于保育猪。食欲下降，咳嗽，呼吸困难，跛行，生长不良，甚至衰竭而死亡。

【病理变化】

多发性炎症（胸膜炎、腹膜炎、脑膜炎、心包炎、关节炎等）。

胸水、腹水增多，有纤维素性或浆液性渗出。

肺脏肿胀、出血、淤血，有时肺脏与胸腔发生黏连。

【诊断】

引起的病变包括脑膜炎、胸膜炎、心包炎、腹膜炎和关节炎，呈多发性，即可初步诊断。

确诊需进行细菌分离鉴定或血清学检查。在血清学诊断方面，主要通过琼脂扩散试验、补体结合试验和间接血凝试验等。

【防治】

严禁混养，改善猪舍通风条件，减少饲养密度，严格消毒。隔离病猪，淘汰无饲养价值的僵猪或严重病猪。

消除各种诱因，改善饲养管理与环境消毒，减少各种应激，尤其要做好猪瘟、伪狂犬病、蓝耳病等预防免疫工作。

预防可用灭活苗免疫母猪，初免猪产前 40 天一免，产前 20 天二免。在经免猪产前 30 天免疫一次即可。受本病严重威胁的猪场，从 10～60 日龄的猪每次 1 毫升，一免后过 15 天再重复注射一次。

对替米考星、氨苄西林、氟喹诺酮类、头孢菌素、四环素、庆大霉素和增效磺胺类药物敏感。

全群投药：阿莫西林 400 克、5% 氟苯尼考 1 000 克、金霉素 2 000 克/吨料，连喂 7 天，停 3 天，再加喂 3 天。

（十三）附红细胞体病

猪附红细胞体病是由附红细胞体寄生于猪的红细胞表面或游离于血浆、组织液及脑脊液中引起的一种人畜共患病，猪发病时，皮肤发红，又称"猪红皮病"。目前，猪群感染率在 60% 以上。

【病原】

附红细胞体常单独或呈链状附着于红细胞表面，也可游离于血浆中。

对干燥抵抗力很低，但耐低温。

一般常用消毒剂均能杀死病原。

【流行病学】

传染源：病猪和带菌猪是主要的传染源。被污染的饲料、饮水及器械等也可传播该病。

传播途径：直接或间接接触传播（伤口、互相斗殴或污染的饮水、饲料等）。蚊虫叮咬及污染器械（注射器、断尾、打耳号器械等）间接传播。妊娠母猪感染后可通过胎盘传给胎儿，发生垂直传播。配种也可传播该病。

易感猪群：各种年龄的猪均易感，通常发生在哺乳猪、怀孕母猪以及由于多种原因引起的处于应激状态的肥育猪。

流行特点：该病四季均可发生，但多发生在高温高湿的7～9月。母猪和生长肥育猪一般为单一感染，仔猪容易并发大肠杆菌感染。本病传染性不强，流行特点是个别猪场或部分猪场发病。应激和机体抗病力降低的情况下会诱发此病。如饲养管理不良、天气突变、突然换料、更换圈舍、密度过大等应激因素或患猪瘟、猪蓝耳病、猪链球菌病、副猪嗜血杆菌病等疾病时，易并发和继发附红细胞体病。

【症状】

急性和亚急性型主要表现为突然死亡。病猪耳部及腹下皮肤发红，体温40～41.5℃，高热不退，口渴，呼吸急促，食欲废绝，有的咳嗽，呈犬坐姿势，四肢抽搐，严重的耳部及四肢末梢出现紫色斑块。

消瘦、贫血，有的全身出现黄疸症状。前肢水肿，有的患猪因后肢无力而不能站立，口、鼻流出血性泡沫状分泌物，有的在后期出现红色尿液。病程1～3天。

怀孕母猪流产、早产和产弱胎、死胎，哺乳母猪乳汁减少或无乳。

仔猪呼吸急促，拉黄白色水样稀便，内有气泡并腥臭，粪便污染肛门及后肢，治疗不及时死亡率很高。

成年患猪体温39.5～40℃，精神不振，咳嗽，食欲不好，眼结膜发黄，皮肤发白、干燥并脱皮，粪便干燥，有时拉稀，随着病情加重，尿液由淡黄色变为深黄色，病猪越来越瘦，可视黏膜黄染，眼圈发黑，耳朵和四肢内侧出现蓝紫色斑点或斑块，一般出现斑点后不久即衰弱死亡，血液稀薄。

【病理变化】

血液稀薄，皮下水肿，黏膜、浆膜、腹腔内脂肪、肝脏等呈不同程度的黄染。

全身淋巴结肿大，肺脏水肿，心包积液。

肝脾肿大，边缘有粟粒大至黄豆粒大稍隆起的紫色梗死灶。

胆囊肿大，胆汁充盈。

肾脏有出血点或表现为贫血，腹水增多。

【诊断】

发热、贫血、黄疸等症状具有一定的诊断意义。

确诊需做实验室检验，方法有显微镜检查、血清学检查、动物接种等。

【防治】

预防：着重抓好节肢动物的驱避。加强饲养管理，增加机体抵抗力，减少不良应激都是防止本病发生的条件。发病猪只要进行及时有效的治疗，淘汰无治疗价值的病猪以清除传染源。流行季节预防用药，可用土霉素或四环素添加饲料中，剂量为600克/吨饲料，连用2~3周。

治疗：贝尼尔（血虫净）。按每千克体重5~7毫克，用生理盐水稀释成5%溶液，深部肌内注射，1天1次，连用2~3天，对病程较长和症状严重的猪无效。咪唑苯脲每千克体重用1~3毫克，1天1次，连用2~3天。四环素、土霉素（每千克体重10毫克）和金霉素（每千克体重15毫克）口服或肌注或静注，连用7天。新胂凡纳明每千克体重10~15毫克静脉注射，一般3天后症状消失。

（十四）弓形体病

弓形体病属人畜共患寄生虫病。患猪以高热、呼吸窘迫及神经症状、繁殖障碍、急性传染性为特征。在农村散养和规模化养猪场时有发生，是养猪业的一大顽症，危害大。猪暴发弓形体病时，可使整个猪场发病。死亡率高达60%以上。

【病原】

弓形体属刚地弓形体，又称弓形虫。本虫为一种原虫，因它的滋养体呈弓形而得名。发育过程复杂，其发育过程的多个阶段均可引起动物发病。

【流行病学】

易感动物：猪对弓形虫的易感性没有品种、年龄、性别的差异，以3~6月龄仔猪发病率和死亡率较高。大猪由于抵抗力强，多呈隐性感染；妊娠母猪后期感染时常表现流产、死胎及产出的仔猪成活率低。

传染源：病猪、隐性感染猪、被病猪污染的水、饲料、用具等均可成为传染源。

传播途径：人及猫、猪、鸡等多种动物均能通过消化道、呼吸道直接掇入含有卵囊的食物和饮水而感染，急性发病期间还可通过皮肤、黏膜感染，也可通过胎盘屏障感染胎儿。

流行特点：该病常发生于夏、秋两季，在气候温暖、潮湿、吸血昆虫多的季节易发。

【临床症状】

猪感染弓形虫（孢子化卵囊后）潜伏期为3~7天。病初只表现为厌食或少食，精神不振，眼结膜充血潮红。3~4天后表现高热。体温升至40.5~42.0℃，呈稽留热，食欲减少至废绝，喜卧，钻草堆或水坑，眼结膜苍白、黄染。

后期主要表现为呼吸困难、腹式呼吸、气喘、咳嗽、流鼻涕、粪便先干后稀或交替出现，呈灰绿色或煤焦油状。随着病程发展，耳尖、阴户、包皮尖端、腹底的皮肤上出现出血性紫斑或间有出血点，体表淋巴结肿大，尤其腹股沟淋巴结肿大明显。耐过猪一般 2 周后恢复，但往往遗留下咳嗽、呼吸困难、后躯麻痹、斜颈、癫痫样痉挛等神经症状。若怀孕母猪发生急性弓形体病，先是高热废食昏睡，数天后流产或产死胎、弱仔，母猪常在分娩后自愈。

【病理变化】

多数病例腹股沟、肠系膜淋巴结肿大，外观呈淡红色，切面呈酱红色花斑状。肺体积稍肿大，肺小叶间质增宽，切面流出泡沫样液样。

肾、肝体积肿大，表面有小出血点和灰白色坏死点，肝小叶界限明显。淋巴结肿大切面外翻，肠系膜淋巴结呈绳索状。

盲肠、结肠有散在的小米或高粱米大的中心凹陷溃疡，其表面附有灰黄色伪膜。

【防治】

加强饲养管理，搞好舍内及周边环境定期卫生和消毒工作，严格阻断猫类及其排泄物对畜舍及饲料、饮水的污染。

在该病的易发季节，每吨饲料添加 500 克磺胺嘧啶和 25 克乙胺嘧啶，连喂 1 周，能有效地预防弓形体病的发生。

隔离发病猪，淘汰重症猪，深埋病死猪。每天用 3% 生石灰水对猪舍内外场所进行消毒。

急性弓形体病治疗要及时，一般发病 3 天后治愈率会显著降低。发病初期即采用复方磺胺嘧啶钠注射液，首次剂量加倍，每日 3 次。连用 3~5 天。

对症治疗，大剂量抗生素防止继发感染。病情控制后应巩固治疗 1~2 天。

（十五）猪球虫病

猪球虫病是由艾美耳属和等孢属球虫引起的仔猪严重的消化

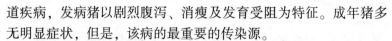

道疾病，发病猪以剧烈腹泻、消瘦及发育受阻为特征。成年猪多无明显症状，但是，该病的最重要的传染源。

【病原】

主要由艾美耳属和等孢属球虫引起的。猪球虫的生活史主要在宿主体内完成裂殖生殖和配子生殖两个世代繁殖，然后在外界环境中进行孢子生殖。

【临床症状】

该病主要发生在 7～15 日龄仔猪。发病仔猪主要临床表现腹泻，持续 3～5 天，粪便黄色至白色糊状、水样稀粪，肠道时常伴有出血而使粪便发红。个别病猪表现消瘦及发育受阻。该病发病率和死亡率均较高。

【病理变化】

尸体剖检特征是急性空肠和回肠炎症，有的可见整个黏膜的严重坏死性肠炎，黄色纤维素坏死性假膜附着。

【防治措施】

多种磺胺类药物均有效，首次使用剂量要加倍，至少连续用药 3 天，间隔 1 周，继续连用 3 天。

预防该病主要通过改善动物饲养的环境卫生工作，特别要搞好产房的清洁，产仔前母猪的粪便必须清除。

【思考与练习题】

1. 猪场仔猪、育肥猪、母猪、公猪的常规免疫程序。

2. 猪只注射给药的基本方法。

3. 常见传染病的症状、病理变化及相应疾病发生时应采取的应急措施。

模块九　猪饲养环境控制

【学习目标】

1. 掌握猪场环境控制主要包括哪些方面。
2. 熟悉猪场环境控制的常用方法有哪些。

一、猪舍环境条件控制

只有在适宜的环境条件下，猪的生产潜力才能得以充分发挥，建筑猪舍是为猪提供适宜环境的重要手段，只有通过猪舍的合理设计同时采取有效的环境控制措施，才能使猪舍的环境达到良好的状态，满足猪对环境的基本硬件需求。

（一）猪舍环境控制综合措施

1. 防寒保温

在比较寒冷的冬季，应做好猪舍的防寒保温工作，特别是对分娩、哺育舍、保育猪舍，做好防寒保温工作更为重要。猪舍防寒保温的主要措施如下。

（1）做好猪舍的保温隔热设计。在猪舍的外围护结构中，屋顶是失热最多的结构，因此，设置天棚极为重要，铺设在天棚上的保温材料热阻值要高，并且要达到足够的厚度压紧压实。墙壁采用空心砖或加气混凝土块代替普通红砖制成空心墙体或在空心墙中填充隔热材料等均能提高猪舍的防寒保温能力。有窗猪舍应设置双层窗，并尽量少设北窗和西侧窗。外门加设门斗防止冷风直接进入舍内。猪舍地面多为水泥地面，但水泥地面冷而硬，因此，可在趴卧区加铺地板或垫草等。也可用空心砖等建造保温地

面，但造价稍高。

（2）加强防寒管理。入冬前做好封窗、窗外附加透光性能好的塑料膜、门外包防寒毡等工作；简易猪舍覆盖塑料大棚；通风换气时尽量降低气流速度；防止舍内潮湿；铺设厚垫草；适当加大饲养密度等。

（3）猪舍供暖。猪舍的供暖保温可采用集中供热、分散供热和局部保温等办法。集中供热就是猪舍用热和生活用热都由中心锅炉提供，各类猪舍的温差由散热片多少来调节，这种供热方式可节约能源，但投资大，灵活性也较差。分散供热就是在需供热的猪舍内，安装一个或几个取暖炉来提高舍温，这种供热方式灵活性大，便于控制舍温，投资少，但管理不便。局部保温可采用红外线灯、电热板等，这种方法简便、灵活，只需有电源即可。规模较小的猪场和农户多采用厚垫草、生火炉、搭火墙等方法，效果有时不理想，且需要较多的劳动力，但降低投资成本。

2. 防暑降温

生产中一般采用保护猪免受太阳辐射、增强猪的传导散热（与冷物体接触）、对流散热（充分利用天然气流或强制通风）和蒸发散热（水浴或向猪体喷淋水）等措施。

（1）遮阳和设置凉棚。猪舍遮阳可采取加长屋顶出檐，顺窗户上设置水平或垂直的遮阳板及采用绿化遮阳等措施。搭架种植爬蔓植物，在南墙窗口和屋顶形成绿的凉棚。凉棚设置时应取长轴东西配置，棚子面积应大于凉棚投影面积，若跨度不大，棚顶可采用单坡、南低北高，从而可使棚下阴影面积大移动小。凉棚高度2.5米左右为宜。

（2）做好隔热设计。猪舍隔热设计重点在屋顶，可采取增大屋顶的热阻、修建多层结构屋顶、建造有空气间层的屋顶，屋面选用浅色而光平的材料以增强其反射太阳光的能力。

（3）猪舍的通风。在自然通风猪舍设置地脚窗、大窗、通风屋脊等；应使进气口均匀布置，使各处猪均能享受到凉爽的气流；缩小猪舍跨度，使舍内易形成穿堂风。在自然通风不足时，应增设机械通风。

（4）猪舍的降温。生产中多采用使水蒸发降温的设备措施。这种措施只适于干热地区。有条件的可让猪进行水浴，猪场可修建滚浴池，供猪滚浴，也可向猪体或猪舍空气喷水，借助水的汽化吸热而达到降温的目的。

3. 通风换气

猪舍的通风可分为自然通风和机械通风两种。

（1）猪舍的自然通风。自然通风是指不需要机械设备，而借自然界的风压或热压，使猪舍内空气流动。自然通风又分为有管道自然通风系统和无管道自然通风系统两种形式，无管道通风是指经开着的门窗所进行的通风透气，适于温暖地区和寒冷地区的温暖季节。在寒冷季节里的封闭猪舍，由于门窗紧闭，故需专用的通风管道进行换气、有管道通风系统包括进气管和排气管。进气管均匀分布在纵墙上；在南方，进气管通常设在墙下方，以利通风降温；在北方，进气管道宜设在墙体上方，以避免冷气流直接吹到猪体。进气管在墙外的部分应向下弯或设置挡板，以防冷空气或降水直接侵入。排风管沿猪舍屋脊两侧交错安装在屋顶上，下端自天棚开始，上端升出屋脊高 50 ~ 70 厘米。排气管应制成双层，内夹保温材料，管上端设风帽，以防降水落入舍内。进气管和排气管内均应设调节板，以控制风量。

（2）机械通风。是利用风机强制进行舍内外的空气交换，常用的机械通风有正压通风、负压通风和联合通风 3 种。正压通风是用风机将舍外新鲜空气强制送入舍内使舍内气压增高，舍内污浊空气经排气口（管）自然排走的换气方式。负压通风是用风机抽出舍内的污浊空气、使舍内气压相对小于舍外，新鲜空气通过进气口（管）流入舍内而形成舍内外的气流交换。联合通风则同时进行机械送风和机械排风的通风换气方式。在高寒地区的冬季，通风换气与防寒保温存在着很大的矛盾，在进行通风换气时

应认真考虑解决好这一矛盾。

4. 光照

猪舍的光照一般以自然光照为主，辅之以人工光照。

（1）自然光照。猪舍自然光照时，光线主要是通过窗户进入舍内。合理设计窗户的位置、形状、数量和面积，以保证猪舍的光照标准，并尽量使舍内光照均匀。在生产中通常根据采光系数（窗户的有效采光面积与猪舍地面面积之比）来设计猪舍的窗户，种猪舍的采光系数要求为 1 :（10 ~ 12），肥猪舍为 1 :（12 ~ 15）。猪舍窗户的数量、形状和布置应根据当地的气候条件、猪舍的结构特点，综合考虑防寒、防暑、通风等因素后确定。

（2）人工光照。自然光照不足时，应考虑补充人工光照，人工光照一般选用 40 ~ 50 瓦白炽灯、荧光灯等，灯距地面 2 米，灯距大约 3 米均匀布置。猪舍跨度大时，应装设两排以上的灯泡，并使两排灯泡交错排列，以使舍内各处光照均匀。

5. 垫料的使用

垫料是指在猪栏内一定部位（一般为猪床）铺设的材料，具有保暖、吸潮、吸收有害气体、增强猪的舒适感和保持猪体清洁等作用。所用的垫料应具备导热性小、柔软、无毒、对猪只皮肤无刺激等特性，同时要求来源充足、成本低等。常用的垫料有麦秸、稻草、锯末等。垫料应经常更换，保持垫料的清洁、干燥。

（二）猪舍环境控制具体要求

1. 哺乳仔猪各阶段的适宜环境条件

不同日龄哺乳仔猪最适宜温度分别为：1 ~ 3 日龄，30 ~ 32℃；4 ~ 7 日龄，28 ~ 30℃；8 ~ 15 日龄，25 ~ 27℃；16 ~ 27 日龄，22 ~ 24℃；28 ~ 35 日龄，20 ~ 22℃。相对湿度以 70% ~ 80% 为宜。保温的措施是单独为仔猪创造温暖的小气候环境。因为"小猪怕冷"而"大猪怕热"，母猪在 15℃ 气温下表现舒适，如果把整个产房升温，一则对母猪不适宜，二则多耗能源不经济。

2. 保育猪适宜环境条件

(1) 温度。断奶幼猪适宜的环境温度是，30~40日龄为21~22℃，41~60日龄为21℃，60~90日龄为20℃。为了能保持上述的温度，冬季要采取保温措施，除注意房舍防风保温和增加舍内养猪头数保持舍温外，最好安装取暖设备，如暖气（包括土暖气在内）、热风炉和煤火炉等。在炎热的夏季则要防暑降温，可采取喷雾、淋浴、通风等降温方法，近年来许多猪舍采用了纵向通风降温取得了良好效果。

(2) 湿度。育仔舍内湿度过大可增加寒冷和炎热对猪的不良影响。断奶仔猪舍适宜的相对湿度为65%~75%。

(3) 清洁卫生。猪舍内外要经常清扫，定期消毒，杀灭病菌，防止传染病。要保持空气新鲜，猪舍空气中的有害气体对猪的毒害作用具有长期性、连续性和累加性，对舍栏内粪尿等有机物及时清除处理，减少氨气、硫化氢等有害气体的产生，控制通风换气量，排出舍内污浊的空气，保持空气清新。

3. 育肥猪适宜环境条件

(1) 温度和湿度。适宜环境温度为16~23℃，前期为20~23℃，后期为16~20℃。相对湿度以50%~70%为宜。猪舍内的温度常年以18℃最适合猪只生长发育，所以饲养管理者必须做好夏季防暑降温、冬季御寒保温、保持猪舍干燥、搞好通风换气等工作。

(2) 圈养密度和圈舍卫生。圈养密度一般以每头猪所占面积来表示。15~60千克，0.6~1.0平方米/头；60千克以上，1.0~1.2平方米/头，每圈头数以10~20头为宜。猪舍要清洁干燥、空气新鲜、定期消毒。可根据季节不同适当调整饲养密度，夏季宜疏一点，一般每群以10头左右为宜。

(3) 合理通风换气。以0.1~0.2米/秒为宜，最大不要超过0.25米/秒。在高温环境下，增大气流；在寒冷季节要降低气流速度，更要防止"贼风"。

（4）舍内有害气体、尘埃与微生物。猪舍中氨浓度的最高限度为 26×10^{-6}，硫化氢含量以 6.6×10^{-6} 为限，二氧化碳应以 0.15% 为限。改善猪舍通风换气条件，及时处理粪尿，保持适宜的圈养密度。尘埃可使猪的皮肤发痒以至发炎、破裂，对鼻腔黏膜有刺激作用；病原微生物附着在灰尘上易于存活，对猪的健康有直接影响。

4. 母猪适宜环境条件

妊娠、空怀母猪的最适温度：$15 \sim 18℃$；妊娠早期母猪对高温的忍耐力很差，当外界温度长时间超过 $32℃$ 时，妊娠母猪通过血液调节已维持不了自身的热平衡而产生热应激，胚胎的死亡率就会明显增加，产仔数减少，死胎、畸形胎增多。

哺乳母猪的最适温度：$18 \sim 20℃$。夏季气温过高，不仅影响猪的采食和增重，而且可能导致中暑直至死亡，因此必须采取降温措施。冬季气温低，用于维持体温的能量增加，使饲料消耗增加，猪的增重减慢。采取保温措施，减少维持消耗，是提高冬季饲养效果的关键。

母猪的适宜湿度在 $60\% \sim 80\%$。猪舍内空气流速要求春、秋、冬季为 $0.2 \sim 0.4$ 米/秒，夏季为 $0.4 \sim 1$ 米/秒，保证空气新鲜度，有充足氧气供猪群呼吸。

5. 种公猪适宜环境条件

种公猪的最适温度：$17 \sim 21℃$；公猪对高温敏感，可使睾丸组织中的精母细胞活力降低，精子数量明显减少，精液品质降低，此时配种，母猪受胎率和胚胎成活率显著降低。

猪的适宜湿度在 $50\% \sim 70\%$。均不能低于 40%，不能高于 80%。通风气流速度同母猪舍。

二、猪场灭蚊、灭蝇、灭鼠

蚊、蝇和鼠是动物传染病和某些人兽共患病的重要传播媒介，因此灭蚊蝇和鼠在预防和扑灭动物传染病、人兽共患病方面具有重要意义。

（一）灭蚊蝇的方法

1. 物理灭蚊蝇法

（1）人工扑杀。

（2）火烧昆虫聚居的废物以及墙壁、用具等的缝隙。

（3）用100～160℃的干热空气杀灭挽具和其他物品上的昆虫及虫卵。

（4）用紫外线灭蚊灯在夜间诱杀成蚊。

2. 化学灭蚊蝇法

（1）杀虫剂的作用方式。

内吸作用：将药物喷于土壤或植物上，被植物根茎、叶表面吸收，并分布于整个植物体，昆虫在吸食含药物的植物组织或汁液后，发生中毒死亡。

触杀作用：药物通过直接和虫体接触，经其体表穿透到体内使之中毒死亡。

熏杀作用：通过吸入药物而死亡。

（2）目前使用较为广泛的灭蚊蝇药物。

敌百虫：一般常用0.1%水溶液喷洒；或用1%溶液浸泡食品作为毒饵灭蝇。

敌敌畏：杀虫力很强，比敌百虫约高10倍。常用剂型有毒饵和熏剂，对蚊、蝇等均有良好的毒杀作用。但应注意防止猪只误食或吸入而中毒。

倍硫磷：通常用0.5%～0.05%的稀释液灭蚊、蝇等，效果良好，对人畜的毒性低。

马拉硫磷：常用的商品为50%乳剂。室内喷洒剂量2克/平方米，残效期约为3个月，可杀灭蚊、蝇。喷洒0.5%马拉硫磷（50%乳剂）水溶液可杀死蛆。

（二）灭鼠

1. 生态灭鼠法

破坏鼠的生活环境，降低鼠类数量，是最常用的积极而重要的灭鼠方法。通常是采取捣毁隐蔽场所和搞好防鼠设备，如经常保持猪舍及周围环境的整洁，清除垃圾，及时清除畜舍内的饲料残渣，将饲料保存在鼠类不能进入的仓库内。在建筑猪舍、仓库、房舍时，墙壁、门窗、地面等均应达到防鼠要求。发现鼠洞要及时堵塞。

2. 器械灭鼠法

指利用捕鼠器械，以食物作诱饵，诱捕（杀）鼠类或用堵洞、灌洞、挖洞等捕杀鼠类的方法。

3. 药物灭鼠法

（1）毒饵法。是当前应用较广泛的一种灭鼠方法。常用的经口毒饵药物有磷化锌、毒鼠磷、氟乙酸钠、安妥、灭鼠安、杀鼠灵、敌鼠钠盐等。

（2）熏蒸灭鼠法。是指利用经呼吸道吸入的毒气而消灭鼠类的方法。常用化学熏蒸剂和各种烟剂，用以消灭仓库、下水道及鼠洞内等的鼠类。常用的药物有二氧化硫、灭鼠烟剂等。

二氧化硫：二氧化硫一般是通过燃烧硫黄得到，在常温下为无色气体，毒力不强，但渗透力颇强，刺激性很大。按每100立方米空间用硫黄100克燃烧灭鼠。通常只用于消灭仓库、下水道中的鼠类。

灭鼠烟剂：由灭鼠药、助燃剂和燃料等配制而成。可就地取材，因地制宜，选择配方自制。烟剂对人畜无害。

三、猪舍日常清洁与消毒

日常清洁与消毒是生产过程密切联系的两项工作，及时充分的进行日常清洁是保证消毒效果的重要条件。

（一）猪舍的日常清洁

1. 一般的清洁程序（小清洁）

（1）每天定时打扫圈舍、栏舍内粪便、尿液等，尽量做到猪、粪分离，干清粪的猪舍，每天上下午及时将猪粪清理出来堆积到规定地方；水冲粪的猪舍，每天上下午及时将猪粪清扫到专用地沟里以清水冲走，保持猪体、圈舍干净。

（2）保持舍内干燥清洁，及时清理饲养过程垃圾，保持舍内外卫生干净整洁，所用物品按照类别摆放整齐，禁止不同用途、圈舍的工具、物品混在一起摆放。

（3）按照生产流程要求，产房每断奶一批、育成舍每育肥一批、育肥舍每出栏一批，都要彻底冲洗、消毒、熏蒸。

（4）注意通风换气，冬季做到保温与通风兼顾，舍内空气良好，冬季可打开风机低速通风5～10分钟（各段根据具体情况通风）。夏季通风防暑降温，及时排出氨气等有害气体。

（5）生产过程垃圾及时清理。使用过的药盒、瓶、疫苗瓶、消毒瓶、一次性输精瓶用后立即焚烧或妥善放在一处，适时统一销毁处理。饲料袋能利用的返回饲料厂或者另作他用，不能利用的及时掩埋或焚烧。

（6）舍内的整体环境卫生包括顶棚、门窗、走廊等平时不易打扫的地方，每次空舍后应彻底打扫一次，不能空舍的每一个月或每季度彻底打扫一次。舍外环境卫生每一个月清理一次。

2. 圈舍彻底清洁程序（大清洁）

（1）清洁之前首先把猪只全部移走后进行。

（2）移走所有的圈舍内的物品，包括饲料和那些经过清洁可再利用的消耗物品。并将胶鞋和工作服拿到消毒间彻底消毒。

（3）移走所有的可移动生产设备（加热设备，手推车等）并进行清洁和消毒。置于有明显的清洁/污染区界限的阳光下进行有目的的干燥。不可移动的设备（如插座）可以在原地进行清洁和消毒，防止漏电或进水，并贴上清洁人员的姓名和写上清洁时的日期。

（4）使用高压水枪将粪尿、污泥、饲料和残留物从设备和沟槽中彻底冲掉。

（5）冲洗的水可以含有一定浓度的价格便宜的消毒剂。

（6）设备表面用肥皂或去污剂进行预浸泡，这样消毒剂可以与物品很好地接触，而且很容易观察哪些部分已经浸泡到，清洁效果有保证。

（7）负责消毒的小组负责人应该做好记录，指出哪些设备是清洁的，并登记和贴上标签（姓名，日期，状态）在入口处。

（8）及时使设备表面保持干燥。

（9）用"白手套"检查法。检查者做好记录哪些通过检查，哪些没有通过，并登记和贴标签在入口处。

（10）重新清洁并指定用肥皂和高压水，重新清洁的小组负责人做好登记并贴标签。二次使用消毒剂，做好记录并贴标签。然后福尔马林熏蒸，登记和贴标签。

（11）重新进猪前两周应该清空饲料仓，进行清洁。只有新的供应物品和有合格标签的设备才可以重新进入清洁的仓库。

（二）消毒程序和制度

1. 消毒程序

根据消毒的类型、对象、环境温度、病原体性质以及传染病流行特点等因素，将多种消毒方法科学合理地加以组合而进行的消毒过程称为消毒程序。以全进全出制生猪生产系统中的消毒为例，空栏消毒的程序通常为粪污清除、高压水枪冲洗、消毒剂喷洒、干燥后熏蒸消毒或火焰消毒、再次喷洒消毒剂、清水冲洗、晾干后转入猪群。

消毒程序的制定应根据猪场的生产方式、主要流行的传染病、消毒剂的特点和消毒设备及设施的种类等因素确定，但消毒前必须将猪舍内的粪便、污物清扫、冲洗干净以提高消毒效果。条件较好的养殖场应在消毒后对生产的关键环节，如产仔舍、保育舍等实施消毒效果的检查。

2. 消毒制度

养殖场通常应将各种消毒工作制度化，明确规定和记录消毒工作的管理者和执行者，使用消毒剂的种类、浓度和方法，消毒的间隔期限，消毒剂的轮换使用情况以及消毒设施、设备的管理和维护等内容。

（三）消毒的种类和方法

1. 消毒的种类

根据消毒的目的可将消毒分为预防性消毒、随时消毒和终末消毒。

（1）预防性消毒。在平时的饲养管理过程中，对猪舍、空气、场地用具和饮水或猪群等进行定期消毒，以达到预防一般动物传染病的目的。

（2）随时消毒。消毒对象是患病猪群及带菌（毒）猪群的排泄物、分泌物以及被其污染的猪舍、用具、场地和物品等。

（3）终末消毒。消毒对象是传染源和可能污染的所有猪舍、饲料饮水、用具、场地及其他物品等。

2. 消毒的方法

消毒的方法包括物理消毒法、化学消毒法和生物学消毒法。

（1）物理消毒法。是指通过机械性清扫、冲洗、通风换气、高温、干燥、照射等物理方法对环境和物品中病原体的清除或杀灭。

①机械性清除：主要是通过清扫、洗刷、通风、过滤等机械方法消除病原体。比较常用，但不能达到彻底消毒的目的，须与其他消毒方法配合进行。

②日光、紫外线消毒：主要用于猪栏、饲养用具及猪舍环境等的消毒。在实际工作中常采用紫外灯进行空气消毒。紫外线的有效消毒范围是在光源周围 1.5~2.0 米处，因此消毒时灯管与污染物体表面的距离不得超过 1.5 米。消毒时间通常为 0.5~2 小时，但随着照射时间的适当延长，能够增强消毒效果。各种病原体对紫外线的抵抗力是革兰阴性菌 < 革兰阳性菌 < 病毒 < 细菌芽孢，抵抗力较强的病原体需要的照射量或照射时间应适当增加或延长。

③焚烧：常在发生猪烈性传染病如炭疽时，对猪尸体及其污染的垫草、垫料等进行焚烧，对猪舍墙壁、地面可用喷灯进行喷火消毒。金属制品可用火焰烧灼和烘烤进行消毒。

（2）化学消毒法。常用化学药品的溶液或蒸汽进行消毒，在防疫工作中最为常用。临床实践中常用的消毒剂种类很多，根据其化学特性分为：酚类、醛类、醇类、酸类、碱类、氯制剂、氧化剂、碘制剂、表面活性剂等。

①酚类消毒药：包括苯酚、煤酚、复合酚等。对大多数细菌有效，对病毒芽孢无效。

苯酚（石炭酸）：1%~5% 溶液消毒猪舍（喷雾）；1%~1.5% 溶液杀灭猪只皮肤寄生虫（疥癣）。忌与碘、高锰酸钾、过氧化氢等配伍应用。

煤酚（甲酚）：1%~3% 治疗疥癣、虱和手术部位消毒；0.5%~1% 用于冲洗口腔、阴道、直肠黏膜。

臭药水（克辽林）：3%~5% 溶液消毒猪舍、用具和排泄物；1%~3% 治疗疥癣。

复合酚：复合酚的商品名为农乐、消毒灵、菌毒敌，0.5%~1% 的水溶液可用于猪圈舍、笼具、排泄物等的消毒，但不得与碱性药物或其他消毒液混合。

②醛类消毒药：包括甲醛、多聚甲醛和戊二醛等。

甲醛溶液：5%~10% 溶液喷洒，消毒猪舍、用具、排泄物或用其蒸气消毒不能用水冲洗的被污染物品；1% ~3%溶液治疗疥癣；10% ~20%溶液治疗蹄叉腐烂。熏蒸消毒最常用，按每立方米消毒空间加入福尔马林42毫升、高锰酸钾21克进行消毒。熏蒸消毒时，室温一般不低于15℃，相对湿度应为60% ~80%。

多聚甲醛：熏蒸消毒时，可按每立方米消毒空间取3 ~5克多聚甲醛，加热至100℃密闭10小时即可达到消毒的作用，使用时要求较高的温度和湿度。

③碱类消毒药：包括氢氧化钠、氢氧化钾、生石灰、草木灰和碳酸钠等。

氢氧化钠：常配成1% ~2%的热溶液消毒被细菌、病毒污染的猪舍、地面和用具等。一般对污染的猪舍、地面、场地、用具等常用2% ~4%氢氧化钠溶液消毒。

碳酸钠（纯碱）：4%热碱水可刷洗用具、车船、场地等；0.5% ~2%可清洁皮肤去痂皮。

氧化钙（生石灰）：一般配成10% ~20%的石灰乳。石灰乳应现用现配，若存放过久，则失去消毒作用。常用于消毒地面、粉刷墙壁和圈栏、消毒沟渠和粪尿等。直接将生石灰粉撒在干燥地面上，不但无消毒作用，反而会危害动物蹄部，使蹄部干燥开裂。

④酸类消毒剂：

硼酸：有轻微抑菌作用，毒性小，3% ~4%溶液可冲洗眼睛、口腔及创口。

盐酸：2%盐酸加食盐15克对炭疽芽孢污染的进行消毒。

乳酸、醋酸：具有杀菌和抑菌作用。乳酸对伤寒杆菌、大肠杆菌、葡萄球菌和链球菌等都具有抑制或杀灭作用，对某些病毒也有灭活作用，适用于空气消毒。草酸和甲酸溶液以气溶胶形式消毒口蹄疫或其他传染病病原体污染的猪舍。

⑤卤素类消毒药：漂白粉溶液不能长时间保存，要现用现配。5%漂白粉溶液可杀死一般性病原菌，10% ~20%溶液可杀死芽孢。常用浓度为1% ~20%不等。

碘制剂：常用的碘制剂包括碘酊、碘甘油及络合碘。5%碘酊作手术部位、注射部位、新鲜创的消毒；10%浓碘酊用于慢性腱炎、腱鞘炎、关节炎及骨膜炎；碘甘油用于各种黏膜炎症，如口炎、鼻炎、阴道直肠黏膜炎症和溃疡。

⑥氧化剂消毒药：

过氧化氢溶液（双氧水）：临床常用3%溶液冲洗恶臭创伤，用于除臭和排出脓汁和坏死组织。

高锰酸钾：0.05%～0.2%溶液冲洗创伤、溃疡和黏膜等。内服治疗肠炎、腹泻、有机磷中毒等。

过氧乙酸（过醋酸）：0.04%～0.5%溶液用于污染物品的浸泡消毒；5%溶液可用于被污染猪舍、仓库、屠宰车间等空间的喷雾消毒，每立方米消毒空间约用2.5毫升。也用于患病猪舍的空气熏蒸消毒，即每立方米消毒空间用1～3克，配成质量分数为3%～5%溶液加热熏蒸消毒1～2小时。

⑦表面活性杀菌剂：

新洁尔灭（溴苄烷铵）：0.01%～0.05%溶液用于阴道、膀胱、尿道及深部感染创的冲洗消毒。

洗必泰：0.05%冲洗创伤；0.5%稀醇（70%）溶液用于术部皮肤消毒。

⑧醇类消毒药：常使用的醇类消毒剂为乙醇，70%或75%的乙醇溶液杀菌作用最强，主要用于皮肤及器械的消毒。

⑨常用消毒药物配制的方法：

3%来苏尔溶液：取来苏尔5份加清水95份（最好用50～60℃温水配制），混合均匀即成。

石灰乳配制法：1千克生石灰加5千克水即为20%石灰乳。配制时最好用陶缸或木桶、木盆。首先把等量水缓慢加入石灰内，稍停，石灰变为粉状时，再加入余下的水，搅匀即成。

20%漂白粉乳剂：每1 000毫升水加漂白粉200克（含有效氯25%），混匀所得混悬液。

福尔马林溶液配制法：福尔马林为 40% 甲醛溶液（市售商品）。取 10 毫升福尔马林加 90 毫升水，即成 10% 福尔马林溶液。

粗制氢氧化钠溶液：4% 氢氧化钠溶液，则取 40 克氢氧化钠加 1 000 毫升水即成。

（3）生物消毒法。在兽医防疫工作中，常将被污染的粪便堆积发酵，利用嗜热细菌繁殖时产生高达 70℃ 以上的温度，经过 1~2 个月可将病毒、细菌（芽孢除外）、寄生虫卵等病原体杀死，既达到消毒的目的，又保持了肥效。

（四）猪场主要消毒对象的消毒方法

1. 猪舍消毒

先将畜舍内及周围环境的粪便、污物、垫料、污染的物品、用具等清除，污物量大时堆积发酵处理，量少时可焚烧或深埋。对地面、墙壁、门窗、饲槽等，一般常用 10%~20% 生石灰乳剂、5%~20% 漂白粉溶液、2%~10% 氢氧化钠溶液、3%~5% 来苏尔溶液、2%~5% 福尔马林溶液、20%~30% 草木灰水等进行严密的消毒或洗刷。用 10%~20% 生石灰乳涂刷畜舍、围栏时，为了消毒彻底，应以 2 小时的间隔涂刷 3 次。消毒药液的用量，一般消毒天棚、墙壁时，每平方米面积用药液量为 1 升左右，畜舍地面（厩床）每平方米面积用药液 2 升。

2. 猪舍内空气消毒

先将动物转移到舍外，然后用以下药物消毒。

（1）过氧乙酸。每立方米用量 1~3 克，配成 3%~5% 溶液，加热熏蒸，在相对湿度 80% 条件下，密闭 1~2 小时。

（2）福尔马林。每立方米用量 15 毫升，加水 80 毫升，加热蒸发消毒 4 小时；或每立方米空间用福尔马林 25 毫升、高锰酸钾 25 克，水 12.5 毫升进行薰蒸消毒。

（3）乳酸。每 100 立方米用乳酸 12 毫升，加水 20 毫升，加热蒸发消毒 30 分钟。

3. 粪便消毒

（1）堆积发酵法。见上述生物消毒法。

（2）焚烧法。常用于处理被炭疽、气肿疽等芽孢菌污染的粪便、饲料、污物等。

（3）掩埋法。对数量不多的一般动物传染病病畜的粪便、污物、残余饲料等，可挖 1 米以上深坑掩埋。但在处理被炭疽、气肿疽等芽胞菌以及病毒污染的粪便、饲料、物品等时，须挖 2 米以上深坑掩埋，并设标志，长期不能再挖掘。

4. 污水消毒

对一般动物传染病病畜污染的污水，可按污水量加 10% ~ 20% 的生石灰或 1% ~ 2% 氢氧化钠搅拌消毒。屠宰场、兽医院、生物制品厂等单位，均应设有污水无害处理设备。

5. 动物体的消毒

对患病猪只、病愈猪只或解除封锁前的隔离猪只等的体表，常用 3% 来苏尔溶液、1% 福尔马林溶液、1% 氢氧化钠溶液或 20% ~ 30% 草木灰水等进行喷雾或洗刷消毒。

6. 尸体处理

病畜尸体通常应及时处理，常用的处理方法如下。

（1）化制。在城市，一般有特设的动物尸体化制厂进行无害处理，而且还可获得工业用油脂、肉粉、骨粉等。

（2）掩埋。简便易行，应用比较广泛。但应注意，掩埋是不彻底的尸体处理方法。掩埋地点应选择高燥，距居民点、水井、道路放牧地及河流比较远的偏僻地方，尸坑大小以容纳尸侧卧为适宜，深度在 2 米以上，并建立标志。

（3）焚烧。是一种彻底的无害处理方法，但耗费较大，故仅用于炭疽、气肿疽等病畜尸体的处理。

（五）消毒效果的检验

为了掌握消毒的结果，以保证最大限度地杀灭环境中的病原微生物，防止猪传染病的发生和传播，必须对被消毒对象进行消毒效果的检验。

1. 污染区消毒效果检验

消毒完成后通过从被消毒的场地或物品上取样进行病原体检查判断。由于大多数病原体的培养十分困难，即使没有培养出来也并不能证明消毒效果可靠，因此，在实践中常以某些条件致病菌，如金黄色葡萄球菌和大肠杆菌等作为评价指标。一般规定检查 10 个样品，检测结果全部为阴性时表明消毒合格。

猪舍地面和墙壁的消毒效果检验，一般是通过比较消毒前和消毒后被消毒物品上至少 5 块相等面积（10 厘米×10 厘米）中的细菌数，根据细菌数量减少的百分比进行效果的评价。方法是用灭菌棉拭子蘸取含有中和剂（使消毒药停止作用）的 0.03 摩尔/升磷酸盐缓冲液，在划定面积内均匀涂擦采样后，置于装有 5 毫升含中和剂的上述缓冲液中，然后经稀释定量接种在不同的固体培养基上进行活菌分类培养计数。如果细菌总数减少了 80% 以上则认为消毒效果良好，减少了 70%～80% 为较好，减少了 60%～70% 为一般，减少了 60% 以下则为不合格。

2. 空气消毒效果的检验

一般是比较消毒前后空气中微生物的数量作为评价依据。空气中样品的采集方法有 2 种，即自然沉降法和冲击采样法。

自然沉降法是将带有固体培养基的培养皿放置在待测空间中的不同位置，并打开平皿盖让其暴露于空气中一定时间，通过空气中微生物的自然沉降采集样品。该方法只能捕获直径大于 10 微米以上的颗粒，对体积更小、流行病学意义更大的传染性颗粒很难捕获，故准确性差。

冲击采样法是用空气采样器先抽取一定体积的空气，然后强迫空气通过狭缝直接高速冲击到缓慢转动的琼脂培养基表面，经过培养比较消毒前后的细菌数。该方法是目前公认的标准空气采样法。

四、粪污处理

（一）合理排污

猪舍内的主要污物为猪排泄的粪尿及生产污水等，合理设置排污系统，及时排出污物，是防止猪舍内潮湿、保持良好的空气卫生状况的重要措施。

猪舍的排污方式一般有两种，一是粪便和污水分别清除，一般多为人工清除固形的鲜粪便，另设排水管道将污水（含尿液）排出至舍外污水池。该方法比较适于冬季寒冷的北方地区。要求尽量随时清除粪便，否则会使得粪便与污水混合而难于清除，或排入排污管道造成排水管道的阻塞。另一种方式是粪便和污水同时清除，这种清除方式又分为水冲清除和机械清除。水冲清除应在舍内建造漏缝地板、粪沟，在舍外建粪水池。漏缝地板可用钢筋水泥或金属、竹板条等制成，当粪尿落在漏缝地板上时，液体物从缝隙流入粪沟，固形的粪便被猪踩入沟内。粪沟位于漏缝地板下方，倾向粪水池方向的坡度为 0.5%~1.0%，用水将粪污冲入舍外的粪水池。这种方式因其用水量较大，会造成舍内潮湿，又会产生大量污水而难于处理，不宜在北方寒冷地区使用。机械清除方式基本是将水冲清除方式中的水冲环节用刮板等机械将粪污清至猪舍的一端或直接清至舍外。

（二）粪污综合利用

近几年规模化养猪发展迅速，目前，基础母猪 500 头、年出栏一万头以上的大型猪场所占比例迅速增加，生猪产业化进程明显加快。同时规模化、集约化猪场或养殖小区的发展，给土壤、大气、水源等环境造成污染。猪场的粪污综合利用介绍两种猪场常用的粪污处理技术，即猪场粪便静态堆肥和猪场污水厌氧发酵利用技术。

1. 猪场粪便多阶段静态通气堆肥

猪粪采用多阶段静态通气堆肥方法进行处理，该方法包括堆肥物料贮存车间、高温发酵车间、中温后熟车间和堆肥除臭车间等部分组成。猪场每天收集的粪便按照适当的比例与辅料混合，存放于堆肥物料贮存车间，7 天粪便混合完成后，一起转入高温发酵车间进行第 1 周发酵处理，一周后转入下一高温发酵车间进行第 2 周发酵，依此类推，高温发酵 4 周后，将堆肥混合物转入中温发酵车间进行发酵后熟，一个月后转入第 2 个中温车间再后熟一段时间，即可生产出猪粪堆肥。

2. 猪场污水厌氧发酵后农田利用技术

猪场污水经过厌氧处理后，厌氧出水可进行直接干燥，干燥后的固体作为有机肥农业利用，也可将厌氧出水直接作为液体肥料通过田间布设的管道或使用液肥施用设备用于农作物、牧草、蔬菜和果树种植。液体粪便的施用量应根据土壤肥力、作物种类及其预期目标产量，并结合厌氧出水中的氮、磷养分含量进行计算后确定，不宜过量施用，以避免施肥导致的环境污染。

五、病死猪的无害化处理

在养殖场内发现患病猪时，立即送隔离室，进行严格的临床检查和病理检查，必要时进行血清学、微生物学、寄生虫学检查，以便及早确诊。病死猪尸体直接送解剖室剖检，必要时进行微生物学、寄生虫学检查，加以确诊。然后集中进行无害化处理。

（一）相关法规

2014 年 10 月 20 日，国务院办公厅以国办发〔2014〕47 号印发《关于建立病死畜禽无害化处理机制的意见》。

《关于建立病死畜禽无害化处理机制的意见》指出我国家畜家禽饲养数量多，规模化养殖程度不高，病死畜禽数量较大，无害化处理水平偏低，随意处置现象时有发生。为全面推进病死畜禽无害化处理，保障食品安全和生态环境安全，促进养殖业健康发展，经国务院同意，现就建立病死畜禽无害化处理机制提出以下意见。详见附录Ⅲ。

（二）建立病死猪无害化处理制度

（1）规模养猪场应该严格按照动物无害化处理规程进行病死猪的无害化处理。

（2）病死和死因不明的猪的无害化处理应该在动物卫生监督机构的监督下进行。

（3）无害化处理措施的原则是尽量减少损失，保护环境，不污染空气、土壤和水源。

（4）无害化处理方式一般为高温、深埋和销毁。

（5）采取深埋的无害化处理场所应在感染的饲养场内或附近，远离居民区、水源、泄洪区和交通要道，并严格执行病死猪的技术处置规程。

（6）对污染的饲料、排泄物和杂物等物品，也应喷洒消毒剂后与尸体共同深埋。

（7）无法采取深埋方式处理时，采用焚烧处理。焚烧时应符合环境要求。

（三）病死猪无害化处理

（1）高温和消毒处理。指通过物理、化学的方法或其他方法杀灭有害生物，如蒸煮、高温处理，也包括各种消毒方法。

（2）销毁。用焚烧、深埋和其他方法直接杀灭患有病害的动物及其产品。

我国目前规定的患病猪及其尸体的处理措施是：患口蹄疫、

非洲猪瘟、猪瘟、猪水疱病、炭疽、布鲁氏菌病、乙型脑炎、伪狂犬病、猪繁殖呼吸综合症、猪传染性胃肠炎、猪流行性腹泻、猪丹毒等疫病的猪只以及从患病猪各部位取下的病变器官或内脏，应在密闭容器中运送至销毁地点进行焚烧炭化或湿热化制。

确认为上述传染病的同群猪只以及确诊为结核病、副结核病、猪肺疫、猪溶血性链球菌病、猪副伤寒、猪痢疾、猪气喘病、猪萎缩性鼻炎等患病猪的肉尸、内脏和怀疑被上述疫病病原体污染的肉尸及内脏等，应在密闭条件下运至高温车间进行高压或煮沸处理。

【思考与练习题】

1. 详述猪场消毒的具体方法。
2. 目前规模化猪场粪污处理的方法有哪些。

模块十　生猪饲养常见问题及解决方法

【学习目标】

掌握生猪生产流程中不同阶段猪群常见问题的解决方法。

（一）仔猪

1. 仔猪腹泻

产生原因：怀孕母猪过肥或过瘦；妊娠母猪患有疾病；仔猪未能及时吃上初乳；冬季环境温度过低；仔猪感染消化系统疾病等。

解决方法：防止怀孕母猪过肥或过瘦。做好产仔母猪分娩前后的护理与防病。母猪产前 40~42 天和 15~20 天各注射接种 1 次抗大肠杆菌腹泻菌苗（K88、K99、987P 三价苗）。于产前 30 天、15 天各免疫接种一次红痢菌苗。母猪进产房后和临产中，皆应用温热的 0.1% 高锰酸钾液清洗母猪的阴户、乳房、腹部。

辅助初生仔猪尽早吃上、吃好初乳。加强保温，防冻防压。仔猪适宜的环境温度，1~3 日龄为 30~32℃，8~30 日龄为 22~25℃，31~45 日龄为 20~22℃。对初生、补料时期的仔猪下痢，宜选用"干酵母""乳酶生"等微生态制剂，防止大量或长期使用抗生素。3 日龄仔猪注射"牲血素"或"右旋糖酐铁""铁钴注射液"2 毫克（含铁 100~150 毫克），同时注射 0.1% 亚硒酸钠 1 毫升，既可防治营养性贫血又可防治缺硒引起的下痢。注意仔猪断奶后补料的调教、适应和旺食，让仔猪多吃优质配合颗粒料。

此外，本病发生后要注意母、仔猪同时治疗才能取得显著的效果。

2. 早期断奶综合症

产生原因：仔猪饲料原料的选择不当；饲料加工工艺也会影响各种营养成分的利用效率（粉碎粒度、膨化技术等）；断奶应激因素等。

解决方法：在配制仔猪日粮时，应考虑仔猪对碳水化合物的消化吸收率。蛋白质原料应尽可能用鱼粉、血浆蛋白粉、血球蛋白等动物性蛋白质原料，减少大豆饼（粕）等植物性蛋白质原料的用量，并进行适当的加工处理。仔猪饲料配方在设计之前，必须准确分析各种饲料原料的营养成分，如水分、粗蛋白质、钙、磷等，在有条件的情况下还要分析氨基酸、纤维素等成分。将仔猪饲料粉碎颗粒度控制在 700 微米左右，以提高饲料转化效率。断奶前要给予至少 1 周的饲料辅食，做好断奶过渡期饲养管理，尽量减少断奶应激。

3. 仔猪贫血

产生原因：母猪怀孕及泌乳期间营养不良；用单一饲料饲喂仔猪等，造成仔猪蛋白质、维生素及铁、铜、钴等不足。此外，仔猪慢性消化不良、寄生虫病等也是导致仔猪贫血症发生的重要原因。

解决方法：①加强对怀孕后期和泌乳期母猪的饲养管理，供给富含蛋白质的饲料、青饲料、矿物质（骨粉、蛋壳粉、食盐等）饲料。②实施二次补铁措施，在仔猪 17 日龄左右时，按照每头仔猪 200 毫克剂量进行二次补铁，可有效控制仔猪贫血症的发生。③选择优质铁剂，并注意注射技巧。要选择注射后应激极小，过敏反应少，易吸收的优质铁制剂。注射前先用脱脂酒精棉球擦拭干净，皮肤自然晾干后进行注射；抱紧猪仔并将其身体对准操作员，在仔猪耳后 2～3 厘米的部位将铁剂注入其颈部肌肉中；松开皮肤，推动注射器进行注射。注意皮肤回位后注射部位处有无铁剂漏出，尽量减少漏滴现象，并及时更换针头。

（二）肥育猪

1. 消化不良

产生原因：饲养管理不当（圈舍拥挤、环境温度过低、卫生状况差）；营养缺乏（饲料配比不当、饲料霉变等）；防疫制度不健全。

解决方法：加强饲养管理，合理安排日粮营养和采食制度；定期进行圈舍清理和消毒工作；选择营养全面的饲料进行饲喂，日粮要做好保存和保管，防潮防虫；建立规范的防疫制度，对猪只进行定期免疫。采用全进全出制，定期进行检疫，及时淘汰带毒猪只，对猪场疾病进行净化。

2. 生长迟缓

产生原因：饲养管理不当，营养缺乏，发生各种传染性疾病预后不良，寄生虫感染等。

解决方法：科学的饲养管理，提高营养水平，供给全价平衡日粮；积极治疗各种原发性疾病，淘汰僵猪；定期驱虫。

3. 热应激

产生原因：猪属恒温动物，皮下脂肪厚，汗腺不发达，体内热能散发较慢，不善于通过皮肤蒸发散热来调节体温，当环境温度超过最适温度范围，猪的产热大于散热，猪就要通过增加呼吸蒸发和辐射散热，或通过减少采食量进而减少体热产生来调节体温平衡。通过增加散热和减少产热仍不能维持机体的体温平衡时，就会引起猪体温升高。猪的耐热性与品种、体型大小、体重和经济类型等因素有关。南方的猪体格较小，较为耐热；北方的猪体格较大，较为耐寒。

解决方法：①改善猪舍环境。主要从猪舍的设计及其配套措施方面考虑，对热应激采取长期防范措施。包括猪舍的位置及取向、使用天棚和白色屋顶、植树绿化，改善场区小气候、加强通风换气、喷淋（雾）降温等。②加强饲养管理。降低饲养密度。

供给充足清洁的饮用水，水温在 10～15℃可降低猪热应激发生。合理配制日粮，提高日粮的营养浓度（能量和蛋白质等的水平），增加青绿多汁饲料的喂量。调整饲喂时间，夏季饲喂要在早晚凉爽时多喂，中午少喂或喂少量青绿多汁饲料。③添加抗热应激添加剂。中草药抗热应激剂、电解质、药物（如氯丙嗪）、酸制剂（如柠檬酸、延胡索酸和甲酸钙等有机酸及其盐类）及各种维生素（维生素 A、维生素 C、维生素 E 等）。

4. 脱肛、咬尾、打架

产生原因：猪的营养失衡，微量元素缺乏。猪群混养，结构不合理。饲养密度过大，猪只活动空间狭小。未进行去势，公母相互爬跨。体表寄生虫。个别猪只恶食癖等。

解决方法：①满足猪的营养需求：发现有咬尾现象时，应在饲料中添加一些矿物质和维生素。同时保证充足的饮水。②合理进行猪的组群：从外地购进大批苗猪时，应把来源、体重、体质、毛色、性情等方面差异大的猪组合在一圈饲养，如有因运输中碰破皮等外伤的猪，应及时分开饲养，以防因血腥味引起相互咬尾。③饲养密度要适宜：一般以每群饲养 10～12 头为宜。④育肥猪应早去势。⑤保持良好的卫生环境条件。⑥要定期驱虫：在猪的一生中，应定期驱除体内寄生虫 2～3 次；即分别在猪 30～40 日龄、70～80 日龄、100～110 日龄时各驱虫 1 次。同时要注意马铃薯除体表虱、疥癣等。否则会因寄生虫影响而导致咬尾症的发生。⑦单独饲养有恶癖的猪：对特别好斗好咬又无圈单独饲养的猪，可每头用氯丙嗪 80～100 毫克、20%硫酸镁 20 毫升进行肌注或者灌取安眠药 3～4 片，使其保持安静。⑧对轻微咬尾现象的猪群，可采用酒精稀释后对猪群进行 1～2 次喷雾，能起到有效的控制；对被咬伤的猪应及时用高锰酸钾液清洗伤口，并涂上碘酊以防止伤口感染，咬伤严重的可用抗菌素治疗。

（三）母猪

1. 母猪不发情

后备母猪不发情，以及经产猪的产后乏情。

产生原因：是否发生过与繁殖障碍有关的疾病：如细小病毒、乙型脑炎、猪蓝耳病、伪狂犬病、衣原体病、布病、猪瘟等。光照对猪的发情有一定的影响。备母猪 8~10 月龄时，由于先天性生殖器官发育不良、饲养管理不当、营养缺乏、体况过肥等，都会导致适龄后备母猪不发情。

解决方法：首先应当做好这些病的疫苗注射工作。对于后备母猪，在 5~7 月龄注射伪狂犬及乙型脑炎疫苗后，注意观察发情情况，若到 8 月龄仍不发情，请立即使用 1 000~1 500 单位的孕马血清促性腺激素进行肌内注射，一般注射后 5~7 天发情，仍不发情的，可采用苯甲酸雌二醇 4 支或己烯雌酚 5 支进行肌内注射，一般注射后 2~3 天内发情，但此时不能配种，因为此时虽有发情症状，但不排卵，故不能受精。到发情症状出现后的第 16~17 天肌内注射孕马血清促性腺激素 1 000 单位，发情后配种即可。

经产母猪断奶后不发情的，可以将其集中到一个栏内，调离原环境，一般约有近一半的母猪在调栏后的 10 天左右出现发情症状，对不发情者，可以用氯前列腺烯醇 1~2 毫升肌注，隔日注射 PG-600 或孕马血清促性腺激素。也可试用催情散，有报道说效果优于用激素处理，民间用韭菜喂猪，每头每天 500 克，连用 5~7 天即可发情，效果极好，不妨一试。在光线暗的猪舍不发情的猪，可以调到室外，以促进其发情。

对后备母猪中先天性生殖器官发育不良者或畸形猪应及时予以淘汰。对营养缺乏的要增加日粮中蛋白质、维生素、矿物质等营养，并加强运动。对过肥母猪应减肥：减料或增加粗饲料，多喂青饲料。在日粮中添加 3% 氯化钙连喂数天，有减肥效果。给母猪注射绒毛膜促性腺激素 500～1 000单位或孕马血清 800～1 000单位。并用公猪诱情。

2. 母猪子宫内膜炎

产生原因：①后备、初产母猪的子宫内膜炎：后备母猪从发情至初配前一般经过 3 次发情，发情时子宫颈口和阴道口张开，如果猪舍内卫生环境差，潮湿脏乱，极易造成细菌的外源性感染。初产母猪配种时消毒不严格或配种人员操作不规范，本交时由公猪的原因等造成的外源性感染。由病毒、细菌、寄生虫等造成的内源性感染。②经产母猪的子宫内膜炎：由病毒性、细菌性、营养性、霉菌毒素等因素造成的流产、死胎、木乃伊胎在子宫内腐败产生大量细菌及内毒素，从而使母猪发生子宫内膜炎。母猪在分娩、难产、哺乳期的机体抵抗力下降（尤其是夏季的热应激），再加上产床卫生状况差、助产时消毒不严格、产道损伤、助产不彻底、胎衣不下等，从而促使母猪发生子宫内膜炎。母猪在配种时动作粗鲁、操作不规范、人工授精器械消毒不彻底或母猪阴道损伤等，也可引起母猪发生子宫内膜炎。

解决方法：①治疗：当发生全身症状患猪体温升高时，可用阿莫西林、头孢拉定、配合链霉素、地塞米松、维生素 C、碳酸氢钠、0.9%生理盐水静脉滴注，待症状好转时给予子宫清洗。子宫清洗：可选用 5%聚维酮碘、3%双氧水或 0.2%百菌消等500～1 000毫升用灌肠器或一次性输精器反复冲洗，以清除滞留在子宫内的炎性分泌物，每天冲洗 1 次，连续 3 天。子宫内投药：可选用青、链霉素、林可霉素、新霉素等药物溶解于 90 毫升的0.9%生理盐水＋10 毫升的碳酸氢钠及 40 国际单位的缩宫素混合液中，进行一次性子宫给药，每天 1 次，连用 3～5 天，不见好转者予以淘汰。②防制：做好免疫：根据各场情况做好种公、母猪免疫，主要是乙脑、细小病毒病、猪瘟、伪狂犬、蓝耳病等繁殖障碍性疾病的免疫。母猪保健：母猪分娩及配种前后各 1 周可选用支原净、金霉素、阿莫西林或黄芪多糖粉剂或鱼腥草粉剂进行饲料加药，以预防子宫炎的发生。可在母猪产前产后用消毒水对母猪的阴部、乳房进行每天消毒。在母猪产出第 2 头仔猪时可用 5% 葡萄糖氯化钠 1 500 毫升加适量抗生素，给予母猪静脉滴注，在最后 100 毫升时加入 40 国际单位缩宫素。母猪产后 8 小时内可用长效土霉素等长效药物给予肌注。母猪饲料中应长期添加适量的霉菌毒素吸附剂，产前产后给予一定量的青绿饲料，或在饲料中加适量的多种维生素，以使母猪尽早恢复食欲与体能，提高机体的抵抗力。加强配种舍、分娩舍的消毒工作，保持舍内干燥、清洁、卫生，提高人员操作的规范性，以减少母猪子宫内膜炎的发生。降低夏季热应激对母猪的伤害，控制母猪便秘的发生。夏季可选用氯前列烯醇等药物进行母猪的同期分娩，并控制母猪的分娩时间段，尽量选择在下半夜或早上。对于已发生子宫内膜炎的患猪及早治疗，并及时淘汰老、弱、病、残的种公、母猪。

3. 母猪不孕症

产生原因：①生殖器官疾病：一般属隐性，临床症状不明显，多见于卵巢、输卵管伞患囊肿性浆膜炎，子宫内膜炎等。②内分泌失调：卵巢机能不会，表现性周期紊乱，屡配不孕；脑下垂体机能不全，表现虽能达配种年龄，但无性周期。③生殖器发育异常：半雌雄，先天性子宫异常等，但很少见。④饲养管理不当：母猪过肥、过瘦都会导致性机能减退、长期不发情、发情异常、暗发情等。日粮中长期缺乏维生素 A、维生素 E 或矿物质（Ca、P、K、Na）会引起内分泌机能紊乱，导致长期不孕或隐性流产。配种失时，过早或过晚，使精卵不能结合。

解决方法：①饲养管理不当者，对太瘦弱的要增加营养，特别要注意蛋白质、矿物质、维生素的添加；对太肥的应适当增加粗饲料、减料降膘。用公猪诱情，按摩乳房。②圈舍清洁干燥，夏防暑降温，冬防寒保暖。③搞好选种选配，发情鉴定，适时配种。④做好接产和产后护理严防产后感染。如已发现生殖器官炎症，可用抗炎症药物治疗。⑤注射促卵泡素、孕马血清、乙烯雌酚、促排 1 号、黄体酮、绒毛膜促性腺激素等。

4. 母猪产后食欲不振

产生原因：产后母猪体质较弱，消化力不强。饲料单调，营养缺乏，加之产后过度疲劳，体力衰竭，引起食欲紊乱。分娩时天气寒冷，猪舍保温不良，外感风寒，或遇气温过高，猪舍通风不畅，导致食欲不佳。母猪吞食胎衣、死胎等，引起消化不良。母猪感染子宫炎、乳房炎等，引起体温升高，食欲不振。

解决方法：饲喂母猪要定时定量，饲料多样化，标准饲养，少喂勤添，忌突然更换饲料。注意蛋白质、维生素和矿物质的补充。适当运动，增强体质。做好产房、产具及接产人员的消毒工作，防止产道感染。治疗：氢化可地松 0.5 克，30% 安乃近，青霉素，肌注。或麝香注射液 6～10 毫升，当归注射液 8～10 毫升，一次肌注。中药方剂：桂枝 40 克，丹参、益母草、木香、当归、川芎、山楂、花粉、葛根、神曲各 30 克，枳壳、甘草各 20 克，一剂煎服。

5. 母猪产后热

产生原因：母猪产后 1～3 天内，由产道或子宫细菌感染而引起体温过高。轻则低烧，精神尚好；重则体温 41℃ 以上，精神沉郁，不食，卧地不起，寒战，阴道中有脓性分秘物流出。

解决方法：治疗可用青霉素、链霉素、四环素、土霉素等抗菌药物杀菌、消炎、退烧；用脑垂体后叶素促子宫收缩，排出子宫内容物。也可结合中药方治疗。

6. 母猪产后瘫痪

本病是母猪产后突然发生的一种严重的急性、神经障碍疾病，其特征是知觉丧失及四肢瘫痪。

产生原因：一般认为是由于血糖、血钙骤然减少，产后血压降低等原因，致使大脑皮层发生机能性障碍。临床表现为精神委靡。一切反射变弱，甚至消失。食欲显著减退或废绝。粪便干硬。站立困难或不能站立，或呈昏睡状态。乳汁很少或无乳。有时病猪伏卧。不让仔猪吃奶。

解决方法：用硫酸钠或硫酸镁缓泻剂或温肥皂水灌肠，清除直肠内蓄粪；同时静注 10% 葡萄糖酸钙 50～150 毫升。用草把或粗布磨擦病猪皮肤，以促进血液循环和神经机能的恢复。增垫褥草，经常翻动病猪，防止发生褥疮。对仔猪寄养或喂人工奶。

7. 母猪食仔癖

产生原因：天性恶癖，产后缺水、极渴，缺某些矿物质或维生素。

解决方法：母猪食仔、咬仔、压仔，具有高度遗传性，应予淘汰。将母仔分开，定时哺乳，专人守护。母猪服镇静剂，如：溴化钾 5～10 克；或肌注氯丙嗪 2 毫克/千克体重，同时补充维生素，微量元素等。

8. 多次配种后不受胎

产生原因：母猪方面的细菌感染、激素分泌失调和饲养管理不当等因素，公猪方面的精液质量降低。

解决方法：黄体酮 30～40 毫克或雌激素 6～8 毫克，配种当日肌内注射；或据松浦荣次等用 25% 葡萄糖溶液 30～50 毫升，加入氯霉素 750 毫克，于最后一次配种（授精）后 3～4 小时注入子宫内，可使受胎率达到 74.23%～80.32%。针对上述致病原因，这是预防母猪配种后不受胎的有效措施。

（四）种公猪

1. 公猪的配种率降低

原因分析：精液的质量降低。在夏季，公猪会出现性欲不强，精子数减少，异常精子增加，活力不足，采食量下降，配种质量差等不同程度的问题，这些都与外界环境的温度过高有关。特别是每年的 7、8 月，某些环境条件差、管理条件差的养猪场，在这两个月配种过的母猪的返情率高达 30%～40%，影响正常的配种任务。

解决方案：每天冲刷公猪的圈舍和公猪的体表，达到局部降温。配种时间应选择在每天的早晚进行。适当增加公猪的运动量，促进血液循环，增强体质，提高性机能。在配种期适当在公猪的饲料中添加鱼粉，适当增加饲料中的能量水平，同时，在饲料中适当添加维生素 A、维生素 D、维生素 E。不喂霉变的饲料。防暑降温、捕杀蚊蝇，给公猪一个舒适的生活环境。认真观察母猪发情症状，适时配种。

2. 采精量少

原因分析：种公猪个体差异。产精性能不好，射精量少且精液品质低劣。采精手法和熟练程度问题。环境因素的影响。高温与严寒对公猪的射精量具有明显的负面影响。公猪具有特异性，采精室里的光线、色调、安静程度对每头公猪均有影响。公猪年龄和采精频率。营养因素，消瘦，肥胖，蛋白质、维生素、微量元素的缺乏都能导致公猪射精量减少。

解决方案：淘汰产精性能不好的种公猪。进行采精手法练习，使采精员与公猪一定要达到完美的配合。对猪舍和采精室根据季节的不同分别采取降温和保温措施无疑能提高采精量。根据公猪的嗜好对采精地点做适当的调整。进行科学喂养。

3. 公猪死精

原因分析：死精见于长期闲置不用的公猪；长期营养缺乏的公猪精液中死精较多；排精和采精过程中混有尿液或其他有害物质（如消毒剂）会造成精子突然全部死亡。睾丸、附睾、副性腺的炎症。严重应激（连续高温高湿、阴囊温度调节失控、发热性疾病引起的高烧，长期大量使用抗生素，注射疫苗或驱虫，饲喂霉变饲料等因素）可引起精子突然死亡。

解决方案：对长期闲置的公猪，必须在恢复公猪使用前 2 周开始排精。改善营养状况是解决由营养缺乏导致公猪死精的根本措施。采精过程不但要求无菌操作，而且更要注意不要混入任何异物。对发生睾丸、附睾、副性腺炎症的公猪要进行隔离治疗，

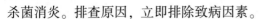

杀菌消炎。排查原因，立即排除致病因素。

4. 少精、无精

原因分析。无精及少精的发生多与内分泌紊乱及睾丸发育不良有关，由此使精子不能发生，或虽有发生但全部受阻于精细胞的核融或核浓缩阶段。附睾、输精管变性，排精通道不畅，也是少精或无精的一个原因。

解决方案。可以采取激素调节，肌内注射孕马血清 1 000 单位，每周 1 次，连用 3 次；每天肌注克罗米芬 25 毫克，连用 3 周，或用他莫西芬 40 毫克/日，连续 1~2 个月可见效。当发生附睾、输精管变性，排精通道不畅时，在采取消炎、热敷、按摩措施无效的情况下予以淘汰。

【思考与练习题】

1. 生产过程中仔猪腹泻的常见原因及解决办法有哪些。

2. 母猪不发情的原因有哪些。

附录 Ⅰ：生猪饲养成本及利益分析

1. 母猪饲养效益分析（以 50 头母猪场为例）

（1）猪场造价估算。可根据经济条件具体选择土建和设备档次，见下表。

表　土建工程及栏舍费用总汇

工程名称	配种怀孕舍	分娩保育舍	生长育肥舍	消毒室	饲料间及药品房	热风炉房	配电室	水塔	服务性工程	配种怀孕舍	分娩保育舍	合计
造价（万元）	4	7.8	10.6	0.5	1.2	0.5	0.6	0.5	4	1.93	6	37.63

卷帘 100 米，单价 70 元，总价为：100×70=0.7 万元；自动饮水器 140 个，单价 8.5 元，总价为：140×8.5=0.119 万元；猪栏冲洗装置 2 套，单价 900 元，总价为：2×900=0.18 万元；小猪转运车 1 台，单价 450 元，总价为：1×450=0.045 万元；小猪保温灯 28 盏，单价 35 元，总价为：28×35=0.98 万元；手推饲料车和双轮斗车各 3 辆，单价 350 元，总价为：6×350=0.21 万元；合计：2.234 万元。

不可预计费用：不可预计费用=（37.63+2.234）×5%=1.9932 万元。

综上，猪场建筑总造价：约为 41.86 万元。

（2）养猪生产预算。

种猪投入：50 头×2 300元+2 元×4 500元=12.4 万元。

饲料及药品投入周转资金：20 万元。

直接人工：3.72 万元。包括管理人员 1 人：1 500 元/月 ×12 = 1.8 万元；其他人员：800 元/月 × 2 人 × 12 = 1.92 万元。

低值易耗品：2 万元。

运输费用：500 元/月 × 12 = 0.6 万元。

其他管理费用：1 万元合计：39.72 万元。

（3）猪场投资经济效益评估。猪场正常运转以后（猪场引种后 13~14 个月），每头猪的生产成本：饲料费用：100 × 3.3 × 2.3 = 759 元/头；人工工资：45 元/头；兽药疫苗：40 元/头；房舍折旧：35 元/头；维修费用：5 元/头；水电：8 元/头；种猪更新费摊 50 元/头；办公招待等费用 15 元/头。合计生产总成本为：957 元/头。

按照以上投资情况，养猪盈亏平衡点为生猪收购价 9.57 元/千克。

2. 育肥猪效益分析（以 100 头育肥猪效益分析为例）

（1）生产收益（100 头为例）。

育肥猪销售收入：育成头数（头）× 单重（斤）× 单价（元）95 × 260 × 6 = 14.82 万，平均每头猪毛收入 1 560 元。

猪粪收入（很少，常用于弥补电费等）：忽略不计。

（2）生产支出（不计圈舍投入）。

仔猪成本：240 元左右（头）购入 100 头子猪 240 × 100 = 2.4 万元（22.2%）。

饲料成本：增重 × 料肉比 × 饲料单价（260 − 20）× 3 × 1.2 × 95 = 8.208 万元（76.0%）。

治疗成本：防疫成本 + 治疗费用 20 × 95 = 1 900 元（1.8%）。

总成本：2.4 万元 + 8.208 万元 + 0.19 万元 = 10.798 万元。

（3）养殖收益。

育肥猪销售收入 − 总成本 = 14.82 − 10.798 = 4.022 万元。

每头猪纯收入：4.022 万 ÷ 100 = 402 元。

每月纯收入：4.022 万 ÷ 4 = 1 万元。

（4）国家政策。当猪粮比价连续四周处于5.5：1~6：1之间时，国家即根据市场情况增加必要的中央和地方冻肉储备。当猪粮比价低于5：1时，较大幅度增加中央冻肉储备规模。如果增加政府储备后，猪粮比价仍然低于5：1，而且出现养殖户过度宰杀母猪的情况、月度母猪存栏量同比下降较多时，对国家确定的生猪调出大县的养殖户（场），按照每头能繁母猪100元的标准，一次性增加发放临时饲养补贴；对国家确定的优良种猪场的养殖户（场），按每头公种猪100元的标准，一次性发放临时饲养补贴。

（5）养猪亏损的原因。

育肥猪价格太低，猪粮比价6：1为盈亏平衡点。

管理不善，生长缓慢。

死淘率太高，育成率太低。

（6）如何养殖效益最大化。

①增加收入：增加出栏头数，死淘率越低，收入越多，能否控制死淘率在5%以下，是养殖成功的关键。

②减少支出：

降低仔猪成本：最好自繁自养，抵御市场风险。

节约饲料：提高料肉比，饲料质量高；降低饲料消耗，如鼠害等。

控制药费成本：与养殖效益成反比。

③选择合适的养殖时机：取决于母猪存栏量，重大疫病之后；国家政策。

总之，生猪饲养要想达到较好的收益，必须做好以下几个方面工作：①规模经营，取得规模效应；②自繁自养，做到良种化；③选择合适时机，避开养殖低谷；④精细管理，控制饲料成本；⑤控制疫病，降低死淘率；⑥适时出栏，争取最大效益。

附录Ⅱ：生猪养殖场养殖档案

1. 封面

生猪养殖场养殖档案

单位名称：_____

畜禽标识代码：_____

动物防疫合格证编号：_____

畜禽种类：_____

2. 养殖场平面图　由养殖场根据实际情况自行绘制。

3. 养殖场免疫程序　由养殖场根据场区免疫情况制订。

4. 生产记录表（表1）

表1　生产记录表

圈舍号	时间	变动情况（数量）				存栏数	备注
		出生	调入	调出	死淘		

5. 饲料、饲料添加剂和兽药使用记录（表2）

表2　饲料、饲料添加剂和兽药使用记录

使用时间	产品名称	生产厂家	批号/加工日期	用量	备注

6. 消毒记录（表3）

表3　消毒记录表

日期	消毒场所	消毒药名称	用药剂量	消毒方法	操作员签字

7. 免疫记录（表4）

表4　免疫记录表

时间	圈舍号	存栏数量	免疫数量	疫苗名称	疫苗生产厂	批号（有效期）	免疫方法	免疫剂量	免疫人员	备注

8. 诊疗记录（表5）

表5　诊疗记录表

时间	标识编码	圈舍号	日龄	发病数	病因	诊疗人员	用药名称	用药方法	诊疗结果

9. 防疫监测记录（表6）

表6　防疫监测记录表

采样日期	圈舍号	采样数量	监测项目	监测单位	监测结果	处理情况	备注

10. 病死猪无害化处理记录（表7）

表7 病死猪无害化处理记录

日期	数量	处理或死亡原因	标识编码	处理方法	处理单位（或责任人）	备注

11. 配种繁殖登记表（表8）

表8 母猪繁殖性能登记表

取精人姓名	母猪		与配公畜		配种日期	预产期	孕检	流产	分娩日期	产仔				
	品种	耳号	品种	耳号						总产仔数	产活仔数	死胎数	木乃伊数	弱仔数

12. 种猪个体养殖档案（表9）

表9 种猪个体养殖档案

标识编码		
品种名称	个体编号	
性别	出生日期	
母号	父号	
种猪场名称		
地址		
负责人	联系电话	
种猪生产经营许可证编号		
种猪调运记录		
调运日期	调出地（场）	调入地（场）
种猪调出单位（公章）	经办人	年 月 日

附录Ⅲ:《国务院办公厅关于建立病死畜禽无害化处理机制的意见》

国务院办公厅关于建立
病死畜禽无害化处理机制的意见
国办发〔2014〕47号

各省、自治区、直辖市人民政府,国务院各部委、各直属机构:

我国家畜家禽饲养数量多,规模化养殖程度不高,病死畜禽数量较大,无害化处理水平偏低,随意处置现象时有发生。为全面推进病死畜禽无害化处理,保障食品安全和生态环境安全,促进养殖业健康发展,经国务院同意,现就建立病死畜禽无害化处理机制提出以下意见。

一、总体思路

按照推进生态文明建设的总体要求,以及时处理、清洁环保、合理利用为目标,坚持统筹规划与属地负责相结合、政府监管与市场运作相结合、财政补助与保险联动相结合、集中处理与自行处理相结合,尽快建成覆盖饲养、屠宰、经营、运输等各环节的病死畜禽无害化处理体系,构建科学完备、运转高效的病死畜禽无害化处理机制。

二、强化生产经营者主体责任

从事畜禽饲养、屠宰、经营、运输的单位和个人是病死畜禽无害化处理的第一责任人，负有对病死畜禽及时进行无害化处理并向当地畜牧兽医部门报告畜禽死亡及处理情况的义务。鼓励大型养殖场、屠宰场建设病死畜禽无害化处理设施，并可以接受委托，有偿对地方人民政府组织收集及其他生产经营者的病死畜禽进行无害化处理。对零星病死畜禽自行处理的，各地要制定处理规范，确保清洁安全、不污染环境。任何单位和个人不得抛弃、收购、贩卖、屠宰、加工病死畜禽。

三、落实属地管理责任

地方各级人民政府对本地区病死畜禽无害化处理负总责。在江河、湖泊、水库等水域发现的病死畜禽，由所在地县级政府组织收集处理；在城市公共场所以及乡村发现的病死畜禽，由所在地街道办事处或乡镇政府组织收集处理。在收集处理同时，要及时组织力量调查病死畜禽来源，并向上级政府报告。跨省际流入的病死畜禽，由农业部会同有关地方和部门组织调查；省域内跨市（地）、县（市）流入的，由省级政府责令有关地方和部门调查。在完成调查并按法定程序作出处理决定后，要及时将调查结果和对生产经营者、监管部门及地方政府的处理意见向社会公布。重要情况及时向国务院报告。

四、加强无害化处理体系建设

县级以上地方人民政府要根据本地区畜禽养殖、疫病发生和畜禽死亡等情况，统筹规划和合理布局病死畜禽无害化收集处理体系，组织建设覆盖饲养、屠宰、经营、运输等各环节的病死畜禽无害化处理场所，处理场所的设计处理能力应高于日常病死畜禽处理量。要依托养殖场、屠宰场、专业合作组织和乡镇畜牧兽医站等建设病死畜禽收集网点、暂存设施，并配备必要的运输工具。鼓励跨行政区域建设病死畜禽专业无害化处理场。处理设施应优先采用化制、发酵等既能实现无害化处理又能资源化利用的工艺技术。支持研究新型、高效、环保的无害化处理技术和装备。有条件的地方也可在完善防疫设施的基础上，利用现有医疗垃圾处理厂等对病死畜禽进行无害化处理。

五、完善配套保障政策

按照"谁处理、补给谁"的原则，建立与养殖量、无害化处理率相挂钩的财政补助机制。各地区要综合考虑病死畜禽收集成本、设施建设成本和实际处理成本等因素，制定财政补助、收费等政策，确保无害化处理场所能够实现正常运营。将病死猪无害化处理补助范围由规模养殖场（区）扩大到生猪散养户。无害化处理设施建设用地要按照土地管理法律法规的规定，优先予以保障。无害化处理设施设备可以纳入农机购置补贴范围。从事病死畜禽无害化处理的，按规定享受国家有关税收优惠。将病死畜禽无害化处理作为保险理赔的前提条件，不能确认无害化处理的，保险机构不予赔偿。

六、加强宣传教育

各地区、各有关部门要向广大群众普及科学养殖和防疫知识，增强消费者的识别能力，宣传病死畜禽无害化处理的重要性和病死畜禽产品的危害性。要建立健全监督举报机制，鼓励群众和媒体对抛弃、收购、贩卖、屠宰、加工病死畜禽等违法行为进行监督和举报。

七、严厉打击违法犯罪行为

各地区、各有关部门要按照动物防疫法、食品安全法、畜禽规模养殖污染防治条例等法律法规，严肃查处随意抛弃病死畜禽、加工制售病死畜禽产品等违法犯罪行为。农业、食品监管等部门在调查抛弃、收购、贩卖、屠宰、加工病死畜禽案件时，要严格依照法定程序进行。加强行政执法与刑事司法的衔接，对涉嫌构成犯罪、依法需要追究刑事责任的，要及时移送公安机关，公安机关应依法立案侦查。对公安机关查扣的病死畜禽及其产品，在固定证据后，有关部门应及时组织做好无害化处理工作。

八、加强组织领导

地方各级人民政府要加强组织领导和统筹协调，明确各环节的监管部门，建立区域和部门联防联动机制，落实各项保障条件。切实加强基层监管力量，提升监管人员素质和执法水平。建立责任追究制，严肃追究失职渎职工作人员责任。各地区、各有关部门要及时研究解决工作中出现的新问题，确保病死畜禽无害化处理的各项要求落到实处。

国务院办公厅
2014 年 10 月 20 日

参考文献

[1] 董修建，李铁，张兆琴．新编猪生产学［M］．北京：中国农业科学技术出版社，2012.

[2] 马明星．商品猪生产技术指南（第二版）［M］．北京：中国农业大学出版社，2011.

[3] 李同洲．优质猪肉生产技术［M］．北京：中国农业大学出版社，2011.

[4] 赵书景，贺绍君．畜禽饲养员培训教程［M］．北京：中国农业科学技术出版社，2011.

[5] 王志刚，孙德林．猪人工授精实践问答［M］．北京：中国农业出版社，2011.

[6] 张全生．现代规模养猪［M］．北京：中国农业出版社，2010.

[7] 荆所义，胡迎利，卢晓辉，等．猪病诊疗实用操作技术［M］．郑州：中原农民出版社，2010.

[8] 王怀友．动物普通病［M］．北京：中国环境科学出版社，2009.

[9] 刘作华．猪规模化健康养殖关键技术［M］．北京：中国农业出版社，2009.

[10] 郭万正．规模养猪实用技术［M］．北京：金盾出版社，2010.

[11] 朱宽佑，潘琦．养猪生产［M］．北京：中国农业大学出版社，2007.

[12] 唐新连，刘国承，赵肖．实用养猪技术［M］．上海：上海科学技术出版社，2011.

[13] 袁逢新．动物养殖实用新技术［M］．北京：中国环境科学出版社，2009.

[14] 陈溥言．兽医传染病学（第五版）［M］．北京：中国农业出版社，2013.

[15] 罗国琦，李文华．动物疾病防治［M］．北京：中国环境科学出版社，2009.

[16] 龚利敏，王恬．饲料加工工艺学［M］．北京：中国农业大学出版社，2010.